Fisiologia Oral

Nota: A medicina é uma ciência em constante evolução. À medida que novas pesquisas e a experiência clínica ampliam o nosso conhecimento, são necessárias modificações no tratamento e na farmacoterapia. Os autores desta obra consultaram as fontes consideradas confiáveis, num esforço para oferecer informações completas e, geralmente, de acordo com os padrões aceitos à época da publicação. Entretanto, tendo em vista a possibilidade de falha humana ou de alterações nas ciências médicas, os leitores devem confirmar estas informações com outras fontes. Por exemplo, e em particular, os leitores são aconselhados a conferir a bula de qualquer medicamento que pretendam administrar, para se certificar de que a informação contida neste livro está correta e de que não houve alteração na dose recomendada nem nas contraindicações para o seu uso. Essa recomendação é particularmente importante em relação a medicamentos novos ou raramente usados.

F537   Fisiologia oral / organizadores, Léo Kriger, Samuel Jorge Moysés, Simone Tetu Moysés ; coordenadora, Maria Celeste Morita ; autora, Cláudia Herrera Tambeli. – São Paulo : Artes Médicas, 2014.

141 p. : il. color. ; 28 cm. – (ABENO : Odontologia Essencial : parte básica)

ISBN 978-85-367-0215-5

1. Odontologia. 2. Fisiologia oral. I. Kriger, Léo. II. Moysés, Samuel Jorge. III. Moysés, Simone Tetu. IV. Morita, Maria Celeste. V. Tambeli, Cláudia Herrera.

CDU 616.314:612

Catalogação na publicação: Ana Paula M. Magnus – CRB 10/2052

SÉRIE ABENO

Odontologia Essencial
Parte Básica

organizadores da série
Léo Kriger
Samuel Jorge Moysés
Simone Tetu Moysés

coordenadora da série
Maria Celeste Morita

Fisiologia Oral

artes médicas
2014

Cláudia Herrera Tambeli

© Editora Artes Médicas Ltda., 2014

Diretor editorial: *Milton Hecht*
Gerente editorial: *Letícia Bispo de Lima*

Colaboraram nesta edição:
Editoras: *Mirian Raquel Fachinetto Cunha*
Assistente editorial: *Adriana Lehmann Haubert*
Estagiária: *Daniela Ribeiro Costa*
Capa e projeto gráfico: *Paola Manica*
Processamento pedagógico e preparação de originais: *Laura Ávila de Souza*
Leitura final: *Gisélle Razera*
Ilustrações: *Vagner Coelho dos Santos*
Editoração: *Know-How Editorial*

Reservados todos os direitos de publicação à
EDITORA ARTES MÉDICAS LTDA., uma empresa do GRUPO A EDUCAÇÃO S.A.

Editora Artes Médicas Ltda.
Rua Dr. Cesário Mota Jr., 63 – Vila Buarque
CEP 01221-020 – São Paulo – SP
Tel.: 11.3221.9033 – Fax: 11.3223.6635

É proibida a duplicação ou reprodução deste volume, no todo ou em parte, sob quaisquer formas ou por quaisquer meios (eletrônico, mecânico, gravação, fotocópia, distribuição na Web e outros), sem permissão expressa da Editora.

Unidade São Paulo
Av. Embaixador Macedo Soares, 10.735 – Pavilhão 5 – Cond. Espace Center
Vila Anastácio – 05095-035 – São Paulo – SP
Fone: (11) 3665-1100 Fax: (11) 3667-1333

SAC 0800 703-3444 – www.grupoa.com.br

IMPRESSO NO BRASIL
PRINTED IN BRAZIL

Autores

Cláudia Herrera Tambeli   Professora associada de Fisiologia do Instituto de Biologia (IB) da Universidade Estadual de Campinas (Unicamp). Mestre em Fisiologia do Sistema Estomatognático pela Faculdade de Odontologia de Piracicaba (FOP) da Unicamp. Doutora em Odontologia: Farmacologia pela Unicamp com período sanduíche na Faculdade de Odontologia da Universidade de Toronto, Canadá. Pós-Doutora em Dor pela Universidade da Califórnia, San Francisco, EUA.

Alain Woda   DDS, PhD. Chairman, Department of Endodontic and Restorative Dentistry, Faculty of Dentistry University d'Auvergne, France.

Barry Sessle   BDS, MDS, BSc, PhD, DSc(hc), FRSC. Professor and Canada Research Chair, Faculty of Dentistry, University of Toronto, Canada.

Caio Cezar Randi Ferraz   Cirurgião-dentista. Professor associado de Endodontia da FOP/Unicamp. Especialista em Endodontia pela FOP/Unicamp. Mestre em Biologia e Patologia Buco-Dental pela Unicamp. Doutor em Clínica Odontológica: Endodontia pela Unicamp. Pós-Doutor em Endodontia pela University of Texas Health Science Center at San Antonio.

Carlos Amilcar Parada   Cirurgião-dentista. Professor associado do Instituto de Biologia da Unicamp. Mestre e Doutor em Fisiologia pela Unicamp.

Caroline Morini Calil   Cirurgiã-dentista. Professora do Curso de Halitose da Fundação para o Desenvolvimento Científico e Tecnológico da Odontologia (Fundecto) conveniada à Universidade de São Paulo (USP). Especialista em Periodontia pela Fundecto/USP. Doutora em Fisiologia Oral pela Unicamp. Pós-Doutora em Periodontia pela USP.

Elayne Vieira Dias   Cirurgiã-dentista. Mestre em Biologia Funcional e Molecular: Fisiologia pela Unicamp. Doutoranda em Biologia Funcional e Molecular: Fisiologia pela Unicamp.

Elenir Fedosse   Fonoaudióloga. Professora adjunta no Departamento de Fonoaudiologia do Centro de Ciências da Saúde da Universidade Federal de Santa Maria (CCS/UFSM). Mestre e doutora em Linguística pela Unicamp.

Giédre Berretin-Felix   Fonoaudióloga. Professora associada do Departamento de Fonoaudiologia da Faculdade de Odontologia de Bauru/USP. Especialista em Motricidade Orofacial pelo Conselho Federal de

Fonoaudiologia (CFFa). Mestre em Odontologia pela FOP/Unicamp. Doutora em Fisiopatologia: Clínica Médica pela Faculdade de Medicina de Botucatu (FMB) da Universidade Estadual Paulista Júlio de Mesquita Filho (Unesp). Pós-Doutora em Distúrbios da Deglutição pela Universidade da Flórida.

Gustavo Hauber Gameiro Cirurgião-dentista. Professor adjunto de Fisiologia da Universidade Federal do Rio Grande do Sul (UFRGS). Mestre e Doutor em Fisiologia Oral pela Unicamp. Doutor em Ortodontia pela Unicamp.

Juliana Trindade Clemente-Napimoga Cirurgiã-dentista. Professora-doutora da Área de Fisiologia na FOP/Unicamp. Mestre e Doutora em Fisiologia Oral pela FOP/Unicamp.

Kelly C. A. Silverio Fonoaudióloga. Docente da área de voz do Departamento de Fonoaudiologia da Faculdade de Odontologia de Bauru (FOB/USP). Especialista em Voz e em Motricidade Orofacial pelo CFFa. Mestre em Odontologia: Anatomia pela FOP/Unicamp. Doutora em Biologia Buco-Dental pela FOP/Unicamp.

Luana Fischer Cirurgiã-dentista. Professora adjunta da Universidade Federal do Paraná (UFPR). Doutora em Odontologia: Fisiologia Oral pela Unicamp.

Lucia Figueiredo Mourão Fonoaudióloga. Professora do Curso de Fonoaudiologia da Unicamp. Professora do curso de Pós-Graduação em Gerontologia e do Mestrado em Saúde, interdisciplinaridade e Reabilitação da Unicamp. Especialista em Voz pelo Centro de Estudo da Voz (CEV) do Instituto Superior de Ensino em Comunicação (ISEC). Mestre e Doutora em Ciências pela Universidade Federal de São Paulo (Unifesp).

Maria Beatriz Duarte Gavião Odontopediatra. Professora titular do Departamento de Odontologia Infantil da FOP/Unicamp. Especialista em Odontopediatria pela FOP/Unicamp. Mestre em Ciências Odontológicas: Odontopediatria pela Faculdade de Odontologia da USP (FOUSP). Doutora em Ciências Odontológicas: Odontopediatria pela FOUSP.

Maria Rachel F. P. Monteiro Cirurgiã-dentista. Especialista em Endodontia pelo Centro de Estudos Odontológicos (Orocentro) de Itapetininga da Faculdade São Leopoldo Mandic. Mestre e Doutoranda em Clínica Odontológica: Endodontia pela FOP/Unicamp.

Mariana da Rocha Salles Bueno Fonoaudióloga. Mestranda em Ciências pelo Programa de Pós-Graduação em Fonoaudiologia da Faculdade de Odontologia de Bauru - Universidade de São Paulo.

Marie-Agnès Peyron Researcher, pHD, at INRA (French National Institute for Agricultural Research) in the Human Nutrition Unit; physiologist, specialist in the physiology of masticatory function, in the food bolus formation and characteristics, and in the role of mastication in nutrition.

Nádia Cristina Fávaro Moreira Cirurgiã-dentista. Especialista em Implantodontia e Prótese sobre Implantes pela Unicamp. Mestre em Odontologia: Fisiologia pela Unicamp. Doutoranda em Odontologia: Fisiologia pela Unicamp.

Regina Yu Shon Chun Fonoaudióloga. Professora do Curso de Graduação em Fonoaudiologia e do Mestrado em Saúde, Interdisciplinaridade e Reabilitação da Unicamp. Especialista em Voz e em Linguagem pela Sociedade Brasileira de Fonoaudiologia. Mestre em Linguística pela Faculdade de Filosofia, Letras e Ciências Humanas (FFLCH) da USP. Doutora em Linguística Aplicada e Estudos da Linguagem pela Pontifícia Universidade Católica de São Paulo (PUCSP). Pós-Doutora em Linguística pelo Instituto de Estudo da Linguagem (IEL) da Unicamp.

Roberta Lopes de Castro Martinelli Fonoaudióloga. Professora do Centro de Especialização em Fonoaudiologia Clínica (Cefac). Mestre em Ciências pela FOB/USP.

Organizadores da Série Abeno

Léo Kriger Professor de Saúde Coletiva da Pontifícia Universidade Católica do Paraná (PUCPR). Mestre em Odontologia em Saúde Coletiva pela Universidade Federal do Rio Grande do Sul (UFRGS).

Samuel Jorge Moysés Professor titular da Escola de Saúde e Biociências da PUCPR. Professor adjunto do Departamento de Saúde Comunitária da Universidade Federal do Paraná (UFPR). Coordenador do Comitê de Ética em Pesquisa da Secretaria Municipal da Saúde de Curitiba, PR. Doutor em Epidemiologia e Saúde Pública pela University of London.

Simone Tetu Moysés Professora titular da PUCPR. Coordenadora da área de Saúde Coletiva (mestrado e doutorado) do Programa de Pós-Graduação em Odontologia da PUCPR. Doutora em Epidemiologia e Saúde Pública pela University of London.

Coordenadora da Série Abeno

Maria Celeste Morita Presidente da Abeno. Professora associada da Universidade Estadual de Londrina (UEL). Doutora em Saúde Pública pela Université de Paris 6, França.

Conselho editorial da Série Abeno Odontologia Essencial

Maria Celeste Morita, Léo Kriger, Samuel Jorge Moysés, Simone Tetu Moysés, José Ranali, Adair Luiz Stefanello Busato.

Prefácio

É com grande satisfação que apresento *Fisiologia oral*, obra que sintetiza o conhecimento atual sobre as principais funções do sistema estomatognático, também conhecido como sistema mastigatório.

Composta por 10 capítulos, a obra fornece uma visão geral das principais funções sensoriais, motoras e digestivas do sistema estomatognático. Portanto, é de interesse de estudantes de graduação e pós-graduação, professores e de profissionais da saúde, especialmente daqueles que terão o sistema estomatognático como área de trabalho – tal como dentistas e fonoaudiólogos – embora também possa ser do interesse de médicos, fisioterapeutas e nutricionistas.

Cláudia Herrera Tambeli

Sumário

1 | **Introdução ao estudo da Fisiologia Oral** — 11
Cláudia Herrera Tambeli

2 | **Sensibilidade tátil, térmica e proprioceptiva da região orofacial** — 21
Cláudia Herrera Tambeli
Juliana Trindade Clemente-Napimoga
Luana Fischer
Nádia Cristina Fávaro Moreira

3 | **Neurofisiologia da dor** — 39
Cláudia Herrera Tambeli
Caio Cezar Randi Ferraz
Maria Rachel F. P. Monteiro
Barry Sessle

4 | **Fisiologia da gustação** — 53
Cláudia Herrera Tambeli
Elayne Vieira Dias

5 | **Fisiologia da secreção salivar** — 63
Caroline Morini Calil
Cláudia Herrera Tambeli

6 | **Sucção e deglutição** — 77
Cláudia Herrera Tambeli
Giédre Berretin-Felix
Lucia Figueiredo Mourão
Maria Beatriz Duarte Gavião
Mariana da Rocha Salles Bueno
Roberta Lopes de Castro Martinelli

7 | **Bases fisiológicas da oclusão dentária** — 89
Carlos Amilcar Parada
Cláudia Herrera Tambeli

8 | **Movimentação dentária** — 109
Gustavo Hauber Gameiro

9 | **Mastigação** — 119
Marie-Agnès Peyron
Carlos Amilcar Parada
Alain Woda

10 | **Fisiologia da fala e da fonação** — 129
Regina Yu Shon Chun
Kelly C. A. Silverio
Elenir Fedosse
Lucia Figueiredo Mourão

Referências — 139

Recursos pedagógicos que facilitam a leitura e o aprendizado!

OBJETIVOS DE APRENDIZAGEM	Informam a que o estudante deve estar apto após a leitura do capítulo.
Conceito	Define um termo ou expressão constante do texto.
LEMBRETE	Destaca uma curiosidade ou informação importante sobre o assunto tratado.
PARA PENSAR	Propõe uma reflexão a partir de informação destacada do texto.
SAIBA MAIS	Acrescenta informação ou referência ao assunto abordado, levando o estudante a ir além em seus estudos.
ATENÇÃO	Chama a atenção para informações, dicas e precauções que não podem passar despercebidas ao leitor.
RESUMINDO	Sintetiza os últimos assuntos vistos.
🔍	Ícone que ressalta uma informação relevante no texto.
⚡	Ícone que aponta elemento de perigo em conceito ou terapêutica abordada.
PALAVRAS REALÇADAS	Apresentam em destaque situações da prática clínica, tais como prevenção, posologia, tratamento, diagnóstico, etc.

Introdução ao estudo da Fisiologia Oral

CLÁUDIA HERRERA TAMBELI

A fisiologia (do grego *physis* = natureza e *logos* = palavra ou estudo) é o ramo da biologia que estuda o funcionamento dos seres vivos, ou seja, os fatores físicos, químicos e mecânicos responsáveis pela origem, pelo desenvolvimento e pela manutenção da vida. Dada sua importância, o estudo da fisiologia é fundamental em todas as áreas da saúde.

A fisiologia moderna surgiu na época da Renascença, quando os médicos tentavam compreender o funcionamento do corpo humano pelo estudo sistemático de sua anatomia. No entanto, o estudo da anatomia não é suficiente para explicar como o corpo funciona. Para isso, é necessário associar o conhecimento da estrutura dos componentes do corpo com a observação dessas estruturas vivas durante seu funcionamento.

SAIBA MAIS

A descoberta da anatomia foi representada nas artes, como pode ser observado nos quadros de Michelangelo, que explorou o corpo humano enfatizando a musculatura corporal.

A fisiologia oral, também conhecida como fisiologia do sistema estomatognático ou mastigatório, é a parte da fisiologia que estuda especificamente a função da boca ou cavidade oral e das estruturas craniofaciais a ela relacionadas, ou seja, os fatores físicos, químicos e mecânicos que possibilitam o desenvolvimento e a manutenção da função integrada dessas estruturas.

SISTEMA ESTOMATOGNÁTICO

O sistema estomatognático é uma região anatomofuncional que engloba estruturas da cabeça, da face e do pescoço e compreende estruturas ósseas, dentárias, musculares, glandulares, nervosas e articulares envolvidas nas funções da cavidade oral. Essas estruturas são permeadas por vasos sanguíneos, vasos linfáticos e fibras nervosas, que possibilitam sua nutrição e seu controle nervoso. Tais estruturas funcionam de forma integrada, o que permite a máxima produção de trabalho por um mínimo dispêndio de energia. Seus elementos são tão interligados funcionalmente que a alteração ou

> **LEMBRETE**
>
> O sistema estomatognático é fundamental no processo de alimentação, sendo porta de entrada para o alimento no trato gastrintestinal e responsável pelo preparo desse alimento para a deglutição e a digestão. Além disso, permite a produção da fala articulada, presente exclusivamente em humanos.

disfunção de um ou de vários deles pode comprometer o equilíbrio de todo o sistema.

A cavidade oral atua como uma estrutura de proteção do organismo contra a ingestão de substância tóxicas ou potencialmente tóxicas, pois escolhemos os alimentos e decidimos por sua ingestão após a análise dos sistemas sensoriais envolvidos na percepção gustativa, olfativa, tátil, térmica e dolorosa. Essas informações sensoriais são integradas ao sistema nervoso central e resultam na secreção salivar, a qual contribui para a formação do bolo alimentar que posteriormente será deglutido. Durante a mastigação, ocorre a degradação mecânica dos alimentos, que começam a ser digeridos por meio da ação de enzimas salivares. Dessa forma, pode-se dizer que o sistema estomatognático apresenta funções digestivas, sensoriais e motoras, detalhadas a seguir.

FUNÇÕES DIGESTIVAS

A cavidade oral é o local onde se inicia o processo digestivo. A presença do alimento na cavidade oral induz à secreção reflexa de saliva, a qual, por sua vez, é importante para o deslocamento do alimento, a lubrificação e proteção da mucosa oral e a formação do bolo alimentar, facilitando assim a deglutição e auxiliando na percepção do paladar. Além disso, ela contribui para a degradação química dos alimentos por meio da enzima α-amilase ou ptialina, que quebra o amido em maltose solúvel e fragmentos de dextrina, e da lipase salivar, que inicia o processo de digestão das gorduras.

A mastigação é responsável pela degradação mecânica dos alimentos, o que facilita o início da digestão química pelo aumento da área de superfície de contato das enzimas salivares com o alimento ingerido.

> **SAIBA MAIS**
>
> Além de funções digestivas específicas, a cavidade oral também participa de funções relacionadas com a rejeição de alimentos, como o vômito, por exemplo.

A cavidade oral também desempenha um papel no controle da sensação de fome e sede, mediante mecanismos reflexos que se iniciam em várias regiões da mesma e chegam aos centros de controle no sistema nervoso central.

FUNÇÕES SENSORIAIS

As funções sensoriais da cavidade oral e das estruturas craniofaciais a ela associadas incluem as sensações gustativa, tátil, térmica, proprioceptiva e dolorosa.

> **LEMBRETE**
>
> A gustação é importante para que o organismo possa identificar e consumir alguns nutrientes e evitar a ingestão de outros.

A **gustação** é o sentido químico responsável pelo reconhecimento de substâncias e alimentos que são introduzidos na cavidade oral. A seguir, os constituintes químicos dos alimentos e das substâncias entram em contato com receptores sensoriais, responsáveis pela transdução de sinais, e a partir disso geram informações sobre a identidade, a concentração e qualidade agradável ou desagradável do alimento.

A **sensibilidade tátil** corresponde à habilidade de detectar e discriminar um estímulo mecânico. Ela permite a identificação da forma, do tamanho e da textura de tudo que é introduzido na cavidade oral por meio da ativação de mecanorreceptores distribuídos pela mucosa oral. É muito bem desenvolvida na região orofacial, provavelmente em razão da densa inervação dessa região e da grande área de representação da região orofacial no cérebro. A sensibilidade tátil oral fornece a sensação de contato mucoso e, em indivíduos portadores de prótese total, também fornece a sensação de contato oclusal por meio da ativação dos mecanorreceptores mucosos.

A **sensibilidade térmica** permite identificar a temperatura de tudo o que é introduzido na cavidade oral por meio da ativação dos termorreceptores de calor e frio distribuídos na mucosa dessa cavidade. Ela é importante como mecanismo defensivo perante estímulos térmicos excessivos que podem danificar os tecidos orais, além de contribuir com o sabor dos alimentos.

A **propriocepção** permite a percepção da localização espacial da cavidade oral e das estruturas craniofaciais a ela associadas, incluindo sua orientação e a força exercida por seus músculos, sem a utilização da visão. Ela resulta da ativação dos proprioceptores localizados nos músculos, nos tendões e na articulação temporomandibular (ATM) e dos mecanorrecptores do ligamento periodontal. A propriocepção contribui para a sensação de contato oclusal em indivíduos dentados por meio da ativação dos mecanorreceptores periodontais e dos proprioceptores da ATM.

A **dor** é definida como uma experiência sensorial e emocional desagradável associada a dano tecidual real ou potencial ou descrita em termos de tal dano. Embora seja comumente associada a lesão tecidual real ou potencial em uma ou mais partes do corpo, ela é sempre desagradável e, portanto, também uma experiência emocional. A dor é o principal motivo que leva um paciente a procurar tratamento odontológico.

A cavidade oral também desempenha um importante papel no reconhecimento do ambiente, tendo em vista a grande quantidade de receptores sensoriais que possui. Uma constatação disso é que, ao nascer, a boca humana já pode executar praticamente todas as suas funções de proteção e reconhecimento do ambiente. Dessa forma, o recém-nascido leva frequentemente tudo para a boca, e toda a sua vida gira em torno dela. Posteriormente, com o desenvolvimento da visão e da audição, a função de captação de informações do ambiente pela boca diminui em importância, mas não desaparece e pode voltar a ser requerida se for necessário.

FUNÇÕES MOTORAS

As funções motoras do sistema estomatognático resultam da contração de vários músculos, como os músculos mastigatórios constituídos pelos músculos elevadores da mandíbula (temporal, masseter e pterigóideo medial) e depressores da mandíbula (pterigóideo lateral e supra-hióideos). Além dos músculos mastigatórios, participam das funções motoras do sistema estomatognático os músculos da língua (p. ex., estiloglosso e hioglosso), os músculos faciais (p. ex., bucinador, orbicular dos lábios e zigomáticos), os músculos palatinos e até mesmo os músculos cervicais (p. ex., esternocleidomastóideo), dada sua importância na determinação da posição da cabeça e da face. Como resultado, o sistema estomatognático desempenha inúmeras funções, sendo as principais delas a sucção, a mastigação, a deglutição, a fonação e a respiração.

A **sucção** é um reflexo alimentar inato que envolve um movimento rítmico da mandíbula e da língua associado à deglutição, sendo fundamental para a sobrevivência dos mamíferos recém-nascidos. Trata-se de uma experiência oral primária, uma vez que determina a primeira exposição do recém-nascido ao mundo exterior por meio do ambiente oral.

A **mastigação** é um comportamento motor aprendido, complexo e altamente coordenado que dá início ao processo da digestão. A mastigação visa à degradação mecânica dos alimentos, isto é, sua trituração e moagem, reduzindo-os a partículas pequenas que se ligam entre si pela ação misturadora da saliva, formando o bolo alimentar que posteriormente será deglutido.

A **deglutição**, assim como a sucção, é um comportamento motor inato que se já manifesta durante a vida fetal e é fundamental para a ingestão de alimentos. Tem como finalidade o transporte do alimento para o estômago sem que haja entrada de substâncias nas vias aéreas.

A **fonação** corresponde à produção de sons pela laringe para a comunicação por meio da fala, que é um comportamento motor aprendido exclusivo do ser humano, conferindo-lhe a capacidade de se comunicar por meio de palavras.

A **respiração** é o ato de inalar e exalar o ar com o objetivo de promover a troca de oxigênio e dióxido de carbono com o meio ambiente. Ela normalmente ocorre por via nasal, pois é no nariz que ocorre a umidificação e o aquecimento do ar. No entanto, no caso de obstrução nasal causada, por exemplo, por desvio de septo, hipertrofia das adenoides ou rinite, ela se torna parcial ou predominantemente bucal. A boca participa também de reflexos protetores respiratórios, como a tosse e o espirro.

As funções motoras da região orofacial, como sucção, mastigação, deglutição, fonação e respiração, são muito importantes nos processos de crescimento e de desenvolvimento do sistema estomatognático, pois fornecem os estímulos adequados para o crescimento normal. Desse modo, alterações funcionais como as causadas pela persistência de **hábitos orais** nocivos durante o desenvolvimento infantil podem interferir no padrão normal de crescimento facial e no desempenho das funções estomatognáticas.

SAIBA MAIS

O sistema estomatognático também apresenta algumas funções motoras comportamentais, como o bocejo, o riso, o sorriso, o beijo, o ato de morder e a comunicação mediante expressões faciais.

Hábitos orais

Padrões de contração musculares aprendidos, tais como sucção digital, sucção de mamadeira e chupeta, entre outros.

SAIBA MAIS

Ortopedia funcional dos maxilares é a área da odontologia que tem por objetivo remover as interferências indesejáveis durante o período de crescimento e desenvolvimento do sistema estomatognático. Isso é feito mediante ações realizadas diretamente no sistema neuromuscular, uma vez que ele comanda o desenvolvimento ósseo, promovendo estímulos desejáveis para o crescimento.

A EVOLUÇÃO DO SISTEMA ESTOMATOGNÁTICO

Todo processo de evolução visa a uma melhor adaptação da espécie ao meio em que vive. O principal elemento que todas as espécies retiram do meio é sua fonte alimentar, pois disso depende a sua sobrevivência.

Os vertebrados se relacionam com o meio ambiente obtendo informações pelos órgãos sensoriais, os quais têm a capacidade de captar todas as formas de energia (p. ex., térmica, mecânica e química). O sistema nervoso central (SNC) dos vertebrados tem como principal função processar as informações que os órgãos sensoriais captam e transformá-las em um comportamento apropriado para a sobrevivência.

A um dado momento da evolução, os mamíferos atingiram um determinado grau de complexidade do SNC caracterizado por um aumento da massa cerebral principalmente do lobo frontal, área envolvida no planejamento de ações e movimentos e no pensamento abstrato. O homem tem a maior massa cerebral em relação a todos os outros animais, e esse foi o principal fator que determinou o atual grau evolutivo do ser humano.

O aumento da área frontal permitiu o desenvolvimento da fala, que foi fundamental para a formação dos grupos necessários à realização da caça. É no lobo frontal esquerdo que se localiza a área de broca, que é sede da expressão da linguagem falada. Segundo Luria,[2] autor russo considerado o pai da neurolinguística, a fala articulada apareceu quando o homem teve que manipular ferramentas de caça. Como essas ferramentas ocupavam suas mãos, a comunicação gestual não foi mais possível, surgindo então uma comunicação verbal, sonora, que, por se originar de um cérebro mais evoluído, persistiu por ser mais eficiente do que a fala primitiva gestual.

Segundo a filosofia darwinista, não foi a necessidade de falar que fez o cérebro se desenvolver, mas o contrário: foi um cérebro evoluído que permitiu o desenvolvimento da fala. A massa cerebral foi aumentando concomitantemente à redução da mandíbula, determinando uma inclinação da face (Fig. 1.1). No final, a evolução do cérebro foi

SAIBA MAIS

De acordo com Darwin, a evolução resulta de uma constante modificação genética nos seres vivos, que lhes confere modificações biológicas, anatômicas e funcionais. Tais modificações são submetidas ao processo de seleção natural, de forma que sobrevivem apenas os seres mais adaptados ao meio.

SAIBA MAIS

A anatomia do sistema estomatognático se deve ao processo de evolução. As diferentes raças passaram pelo mesmo processo de evolução; no entanto, se diferenciaram conforme sua interação com o meio.

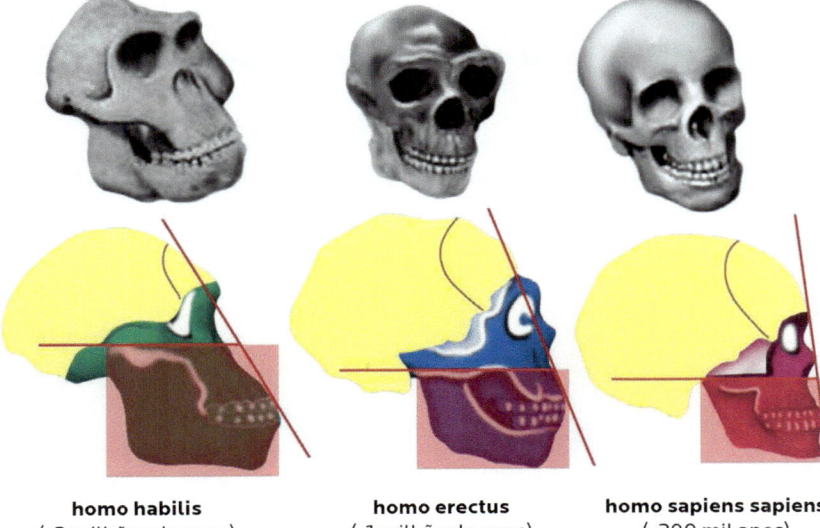

A homo habilis (~2 milhões de anos)

B homo erectus (~1 milhão de anos)

C homo sapiens sapiens (~200 mil anos)

Figura 1.1 – Desenvolvimento do sistema estomatognático sob o aspecto evolutivo. O indivíduo A não sobreviveria na época de C, e vice-versa. Podemos ter indivíduos com o cérebro de C e a mandíbula de A. Dependendo da resistência dos alimentos, o sistema estomatognático poderá ser mais ou menos desenvolvido, mas o cérebro sempre estará mais desenvolvido.

acompanhada pela involução do sistema estomatognático, o que deu ao homem uma grande capacidade de modificar seu meio, facilitando a sua sobrevivência (Fig. 1.2).Seguindo esse mesmo raciocínio, é possível no futuro que o homem sofra mais uma mudança na aparência, com um cérebro grande e um sistema estomatognático menor ainda (Fig. 1.3).

A evolução conferiu ao ser humano uma capacidade cerebral que supera a involução do sistema estomatognático ocorrida concomitantemente. Os órgãos sensoriais captam as informações do meio, o cérebro processa e o músculo responde. Assim, a atividade muscular mastigatória é fruto de um processo evolutivo que culminou em atividades cerebrais complexas capazes desde manipular o ambiente, processar um alimento ou comunicar-se por meio da fala articulada. Isso pode ser observado no homúnculo cerebral, que corresponde à representação do nosso corpo no córtex cerebral (somatossensorial e motor, Fig. 1.4).

Na verdade, o homúnculo cerebral é um desenho de um homem com proporções distorcidas, cujo tamanho das partes do corpo tem relação

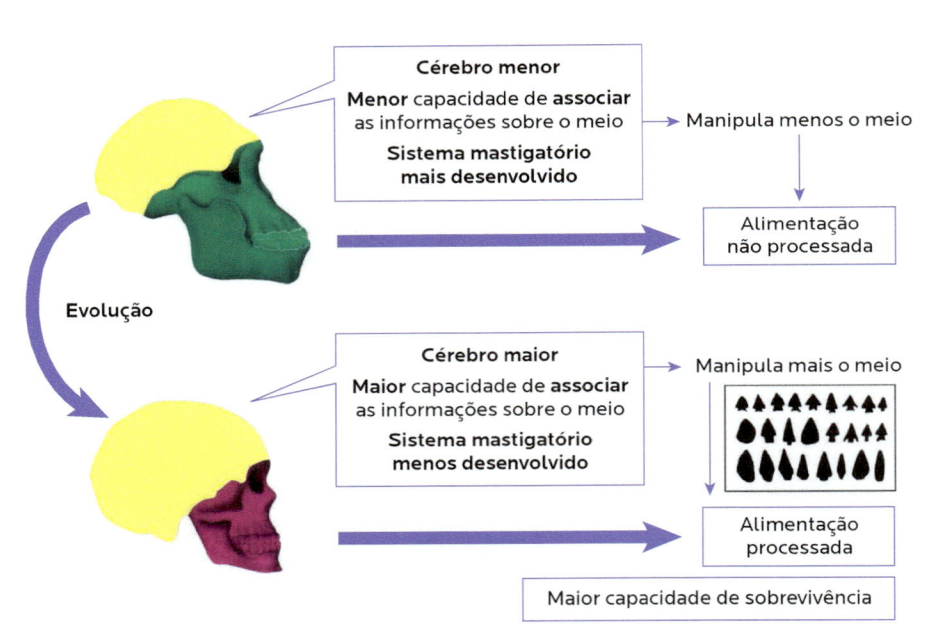

Figura 1.2 – Relação entre o tamanho do cérebro e a capacidade de manipular o meio ambiente.

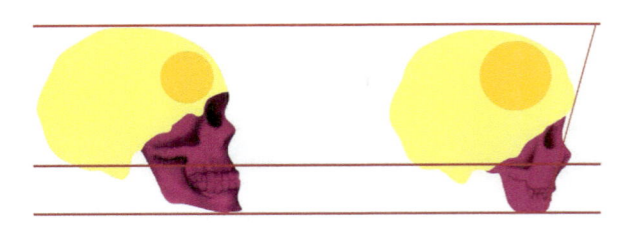

Figura 1.3 – Hipótese de tamanho do cérebro e do sistema estomatognático do homem do futuro.

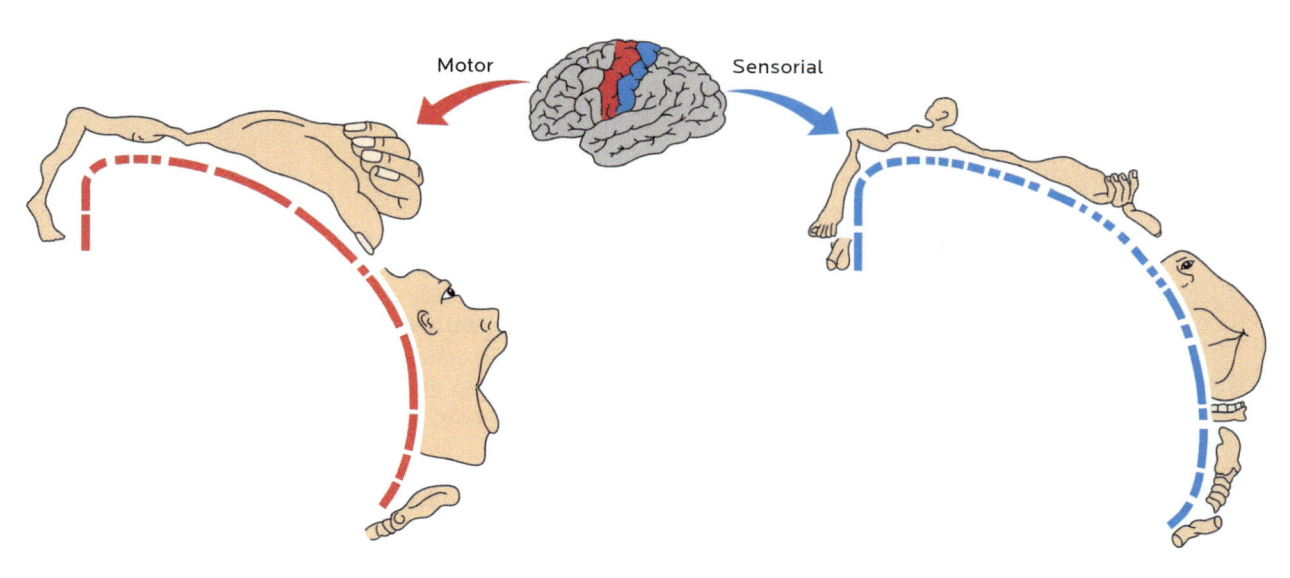

Figura 1.4 – Representação do homúnculo motor e sensorial.

com o número de neurônios que o cérebro recebe e projeta para essas partes. A grande área de representação cortical da região orofacial demonstra a importância sensorial e motora dessa região. Pode-se concluir que os músculos da região orofacial são altamente controlados pelo sistema nervoso. Pela sua característica estrutural, os músculos esqueléticos não podem contrair-se nem relaxar-se sem a atividade do neurônio motor que os inerva. Também o seu crescimento e desenvolvimento, chamado miotrofismo, depende do sistema nervoso motor, que inerva cada músculo.

Com a evolução do cérebro e a involução do sistema estomatognático, os músculos faciais passaram a exercer funções mais complexas do que apenas a mastigação e a fala articulada, por exemplo. Nos mamíferos, a região orofacial tem uma área de representação cortical maior do que outras áreas do corpo humano por causa da importância dessa região para a obtenção do alimento por meio da amamentação.

Como parte integrante e fundamental do sistema estomatognático, os dentes também passaram pelo processo evolutivo, de forma que a morfologia dental humana é o resultado da evolução dos mamíferos, iniciada 225 milhões de anos atrás. De um cone simples para um padrão complexo e diversificado de cones e cumes, o dente evoluiu e se adaptou à ampla gama de dietas e ambientes que caracterizam a Terra.

Tendo em vista que os dentes molares e pré-molares fazem o trabalho principal de mastigar alimentos, eles são os dentes que exibem a maior diversidade morfológica relacionada à dieta. Durante o curso da evolução dos mamíferos, o tamanho dos dentes foi reduzido. Além disso, há uma tendência entre raças humanas civilizadas para a perda do terceiro molar. Os dentes que foram perdidos durante o processo evolutivo tendem a ser aqueles que estão nas margens das classes dentais.

LEMBRETE

A morfologia, a estrutura e a fisiologia dental humana atual são resultado de milhões de anos de evolução a partir de um cone simples para um padrão complexo de cúspides e cristas, em um processo guiado em parte pelas mudanças no ambiente ao longo do tempo.

O SISTEMA ESTOMATOGNÁTICO EM IDOSOS

O estudo do sistema estomatognático em idosos é um tema relevante dentro da fisiologia oral. O aumento da expectativa de vida em razão dos avanços no campo da saúde, associado à redução da taxa de natalidade, gerou um crescimento da população idosa, o que tem motivado a busca por uma vida com mais qualidade e saúde.

Várias alterações que ocorrem no sistema estomatognático com o envelhecimento podem afetar a qualidade de vida, como perda de dentes, problemas de mastigação, xerostomia e disfagia (dificuldade de deglutir). Além disso, a falta de visitas ao dentista e de higiene oral também pode comprometer a saúde bucal.

Embora o aparecimento de xerostomia seja comum em idosos, o envelhecimento não é sua principal causa. Essa condição é geralmente relacionada a doenças sistêmicas, como as doenças autoimunes, em particular a Síndrome de Sjögren; a medicamentos, como antidepressivos, anti-hipertensivos e sedativos, que inibem as vias de sinalização dentro do tecido salivar e resultam na redução da saída de saliva da glândula; e à radioterapia de cabeça e pescoço, que frequentemente resulta na destruição irreversível das glândulas salivares maiores.

Há também evidências de aumento da associação entre doença bucal e doença sistêmica no idoso. Assim, a troca de informações entre o médico e o dentista, especialmente no caso de pacientes idosos, é muito importante. Em razão do crescimento da população idosa e do estado de saúde geral dos idosos, que muitas vezes pode dificultar o tratamento odontológico, a disciplina de gerodontologia foi incluída no currículo de muitas faculdades de odontologia

Curiosamente, a idade em si tem pouco efeito sobre o desempenho mastigatório. Na verdade, a principal causa da redução da eficiência mastigatória é a própria perda dos dentes, que pode estar relacionada a vários fatores, como doença periodontal, saúde debilitada, falta de visitas ao dentista, atitude negativa em relação à saúde oral e baixo nível educacional, entre outros.

As próteses dentais totais são uma ferramenta terapêutica importante na reabilitação do sistema estomatognático em idosos desdentados totais; contudo, a eficiência mastigatória em portadores de prótese total é reduzida. Por exemplo, indivíduos portadores de próteses totais têm menor força mastigatória e necessitam de mais tempo para mastigar o alimento, pois movimentam a mandíbula mais lentamente, o que certamente influencia a escolha dos alimentos que serão consumidos. Assim, pessoas que usam próteses totais ou que possuem poucos dentes na boca tendem a consumir menos frutas, legumes e carne e a preferir alimentos mais macios e ricos em gorduras saturadas e colesterol. Esse tipo de dieta pode levar ao desenvolvimento de doenças cardiovasculares e a deficiências nutricionais.

Xerostomia

Também conhecida como boca seca ou secura da boca, provoca ressecamento dos tecidos epiteliais orais e desconforto, podendo causar dificuldade para mastigar e deglutir, entre outros problemas.

LEMBRETE

O diagnóstico e o tratamento da xerostomia melhoram significativamente a qualidade de vida dos pacientes.

Gerodontologia

Área da odontologia que se ocupa do tratamento de afecções mais frequentes em pessoas idosas. No Brasil, foi reconhecida como especialidade odontológica em 2001.

CONSIDERAÇÕES FINAIS

O sistema estomatognático é um sistema complexo, com funções digestivas, sensoriais e motoras, que está intimamente ligado às outras partes do corpo. É necessário, portanto, o estudo detalhado das suas estruturas e funções, apresentadas aqui de forma apenas introdutória. Durante o processo evolutivo, a evolução do cérebro culminou em atividades cerebrais complexas que permitiram ações como manipular o ambiente, processar um alimento ou comunicar-se por meio da fala articulada. Essa evolução do cérebro foi acompanhada pela involução do sistema estomatognático, de forma que todas as funções do sistema estomatognático são altamente controladas pelo SNC.

Além das alterações fisiopatológicas que podem ocorrer em qualquer época da vida, várias alterações que ocorrem no sistema estomatognático durante o envelhecimento podem afetar a qualidade de vida. Portanto, o estudo da fisiologia oral na formação dos profissionais de saúde é fundamental, especialmente daqueles que terão o sistema estomatognático como área de trabalho, como é o caso mais específico dos dentistas e fonoaudiólogos.

AGRADECIMENTO

À cirurgiã-dentista Letícia Esmanhoto Fanton, autora do texto "Introdução à Fisiologia Oral destacando sua importância na formação do dentista e do fonoaudiólogo", que foi consultado para a elaboração deste capítulo. O referido texto foi redigido durante seu mestrado em Fisiologia Oral na Faculdade de Odontologia de Piracicaba da Universidade Estadual de Campinas (Unicamp), na disciplina de Fisiologia Oral, coordenada por mim, Cláudia Herrera Tambeli, em 2008.

Sensibilidade tátil, térmica e proprioceptiva da região orofacial

CLÁUDIA HERRERA TAMBELI
JULIANA TRINDADE CLEMENTE-NAPIMOGA
LUANA FISCHER
NÁDIA CRISTINA FÁVARO MOREIRA

A sensibilidade somática corresponde à capacidade de percebermos as modificações que ocorrem no meio externo e interno do nosso corpo por meio do sistema sensorial somático. Para que possamos perceber essas modificações, embora nem todas sejam conscientes, o sistema sensorial somático detecta e processa a informação sensorial que é gerada por um estímulo proveniente do ambiente interno ou externo ao corpo. A detecção de um estímulo propriamente dito é denominada sensação, e a interpretação consciente do estímulo é denominada percepção.

A sensibilidade somática é constituída pelas sensibilidades tátil, térmica, proprioceptiva e nociceptiva (dolorosa). Neste livro, a sensibilidade nociceptiva será abordada em um capítulo à parte. Os mecanismos de transdução, codificação e transmissão dos sinais sensoriais serão abordados de forma resumida a seguir.

PROPRIEDADES GERAIS DO SISTEMA SENSORIAL SOMÁTICO

Os estímulos sensoriais somáticos são captados pelos receptores sensoriais somáticos. Tais receptores são classificados, funcionalmente, da seguinte forma:

- **mecanorreceptores**, que detectam os estímulos mecânicos;
- **termorreceptores**, que detectam os estímulos térmicos;
- **proprioceptores**, que detectam a posição estática das articulações, assim como a direção e velocidade de seus

movimentos, a força contrátil dos músculos e as forças que incidem sobre os dentes;
- **nociceptores**, que detectam os estímulos nocivos que podem causar dor.

Portanto, pode-se perceber que o estímulo é uma forma de energia física ou química. Os receptores, além de detectarem essas formas de energia (estímulo), transformam-nas em potenciais elétricos graduados, denominados potencial receptor ou gerador, por meio de um mecanismo denominado transdução.

Dependendo da intensidade do estímulo, e consequentemente da intensidade dos potenciais elétricos graduados gerados, poderá ser gerado o potencial de ação. Essa informação sensorial é utilizada para gerar a percepção sensorial, embora algumas vezes chegue ao córtex cerebral sem a nossa consciência, e para controlar a motricidade somática, ou seja, os movimentos do corpo.

Para que o corpo consiga distinguir os diferentes tipos de estímulos, os atributos do estímulo são preservados por meio do que se denomina código neural. Os atributos dos estímulos correspondem a sua modalidade (tátil, térmica, nociceptiva, proprioceptiva), intensidade (forte ou fraco), duração (curta ou longa) e localização (qualquer região do corpo).

A modalidade do estímulo pode ser codificada porque, em geral, os receptores respondem muito mais a um determinado tipo de estímulo. Por exemplo, os mecanorreceptores são mais sensíveis ao toque, e os termorreceptores, à temperatura. Embora os nociceptores sejam exceção a essa regra, uma vez que alguns deles podem ser ativados por estímulos térmicos, mecânicos e químicos, nesse caso, o diferencial está na intensidade do estímulo. Por exemplo, apenas estímulos mecânicos muito intensos podem ativar os nociceptores.

A intensidade do estímulo é codificada pela frequência de potenciais de ação em cada uma das fibras sensoriais estimuladas (código de frequência) e pelo número de receptores que são estimulados simultaneamente (código de população). Assim, quanto maior a intensidade do estímulo, maior é a frequência de potenciais de ação em cada uma das fibras sensoriais estimuladas e, consequentemente, maior será a quantidade de neurotransmissor liberada pelo neurônio sensorial periférico e o grau de ativação do neurônio de segunda ordem (neurônio que se comunica pela sinapse com o neurônio sensorial periférico). Além disso, quanto maior a intensidade do estímulo, maior o número de receptores que serão estimulados simultaneamente.

A capacidade discriminatória de localização dos estímulos sensoriais depende do número de receptores localizados em uma determinada região do corpo, do tamanho do campo receptivo dos neurônios sensoriais e do grau de convergência dos neurônios sensoriais periféricos nos neurônios secundários ou de segunda ordem. Assim, quanto maior a densidade de receptores de uma determinada região (número de receptores por unidade de área corporal), maior é a capacidade discriminatória de localização dos estímulos sensoriais aplicados nessa região.

Transdução

Transformação da energia do estímulo (p. ex., mecânica, térmica, etc.) em potencial elétrico (receptor ou gerador) gerado pelas membranas dos receptores.

Potencial de ação

Resposta elétrica propagável que conduz a informação sensorial através de uma via neural sensorial até o córtex sensorial somático, no qual ela é processada.

SAIBA MAIS

A região das mãos e das pontas dos dedos e a região orofacial possuem uma grande densidade de receptores sensoriais, o que explica a elevada sensibilidade dessas regiões corporais.

O campo receptivo de um neurônio corresponde à área na qual estão localizados seus receptores, e o tamanho dessa área depende do tipo dos receptores. Quanto menor é a área, maior é a capacidade discriminatória de localização dos estímulos sensoriais. Com relação ao grau de convergência dos neurônios sensoriais periféricos para os neurônios secundários ou de segunda ordem, quanto menor o grau de convergência, maior é a capacidade discriminatória de localização dos estímulos sensoriais.

A duração do estímulo é codificada pela duração de descarga (potenciais de ação) nos neurônios sensoriais. No entanto, durante um estímulo prolongado, os receptores podem se adaptar, ou seja, variar seu padrão de descarga. A adaptação dos receptores corresponde a uma diminuição no potencial gerador em resposta a uma estimulação mantida. A adaptação dos receptores está relacionada às propriedades e ao número de canais iônicos dos neurônios, podendo ser causada, por exemplo, pela abertura de canais de potássio e pela hiperpolarização causada pela saída (efluxo) de potássio do neurônio.

Os receptores sensoriais somáticos podem ser do tipo terminações nervosas livres ou encapsuladas e estão distribuídos por todo o corpo.

SISTEMA SENSORIAL SOMÁTICO TRIGEMINAL

Na região orofacial, os receptores sensoriais são encontrados nos dentes, na pele, na articulação temporomandibular (ATM) e nos músculos. Esses tecidos são inervados por ramificações do nervo trigêmeo, que, por sua vez, contém as fibras nervosas aferentes primárias que terminam perifericamente nos receptores que respondem à estimulação tecidual periférica.

As fibras que conduzem as informações dos receptores sensoriais somáticos ao sistema nervoso central (SNC) possuem diferentes calibres e são comumente designadas por $A\alpha$, $A\beta$, $A\delta$ e C (Fig. 2.1). As fibras $A\alpha$, $A\beta$, $A\delta$ são mielinizadas, e as fibras C são amielinizadas.

No sistema trigeminal, o corpo da maioria das fibras sensoriais aferentes que inervam os tecidos orofaciais possui o corpo celular no gânglio trigeminal (Fig.2.2). As projeções centrais dessas fibras sensoriais primárias penetram no tronco encefálico e podem ascender ou descender no trato espinal do trigêmeo, a partir do qual emitem fibras colaterais que terminam em uma ou mais subdivisões do complexo nuclear sensorial trigeminal. Essas fibras fazem sinapse com neurônios de segunda ordem ou secundários localizados no complexo nuclear sensorial trigeminal, que é constituído pelo núcleo sensorial principal e pelo núcleo do trato espinal do trigêmeo, que por sua vez é formado pelos subnúcleos oral, interpolar e caudal.

O núcleo sensorial principal recebe a informação de tato fino e pressão a partir das fibras aferentes mecanossensitivas; o subnúcleo oral recebe a informação sensorial proveniente da mucosa oral; o subnúcleo interpolar recebe a informação nociceptiva proveniente da polpa dental; e o subnúcleo caudal recebe a informação nociceptiva, térmica e de tato grosseiro. A partir dessas regiões, as informações

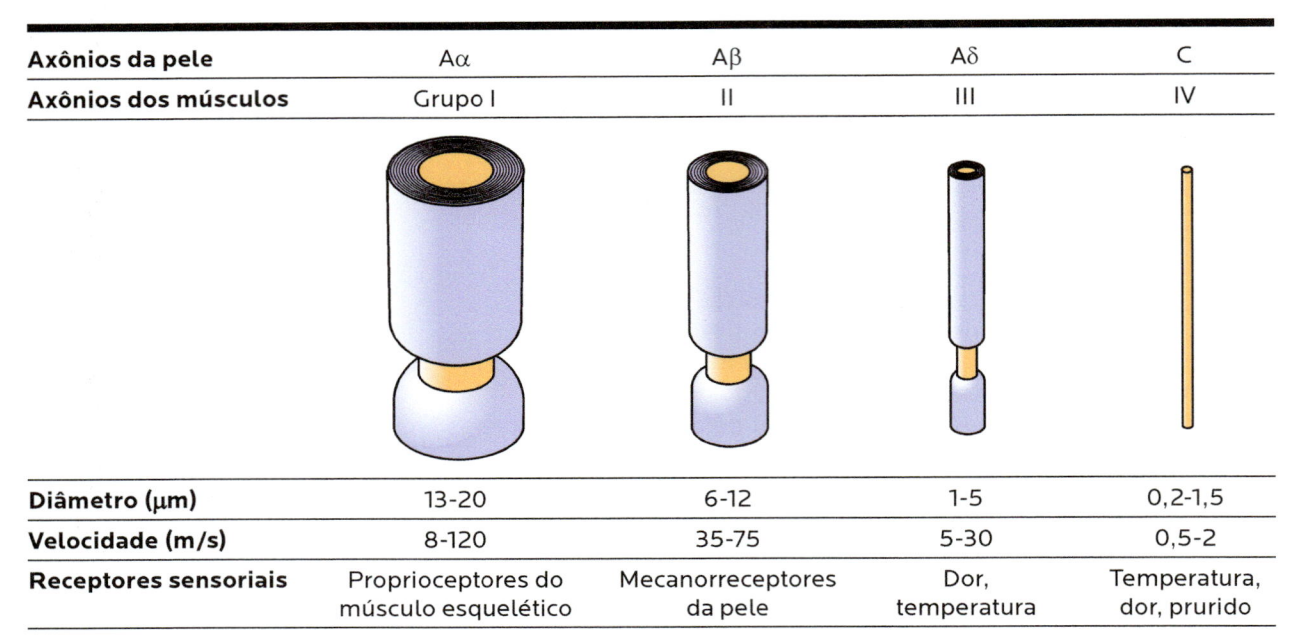

Axônios da pele	Aα	Aβ	Aδ	C
Axônios dos músculos	Grupo I	II	III	IV
Diâmetro (μm)	13-20	6-12	1-5	0,2-1,5
Velocidade (m/s)	8-120	35-75	5-30	0,5-2
Receptores sensoriais	Proprioceptores do músculo esquelético	Mecanorreceptores da pele	Dor, temperatura	Temperatura, dor, prurido

Figura 2.1 – Tipos de fibras sensoriais somáticas

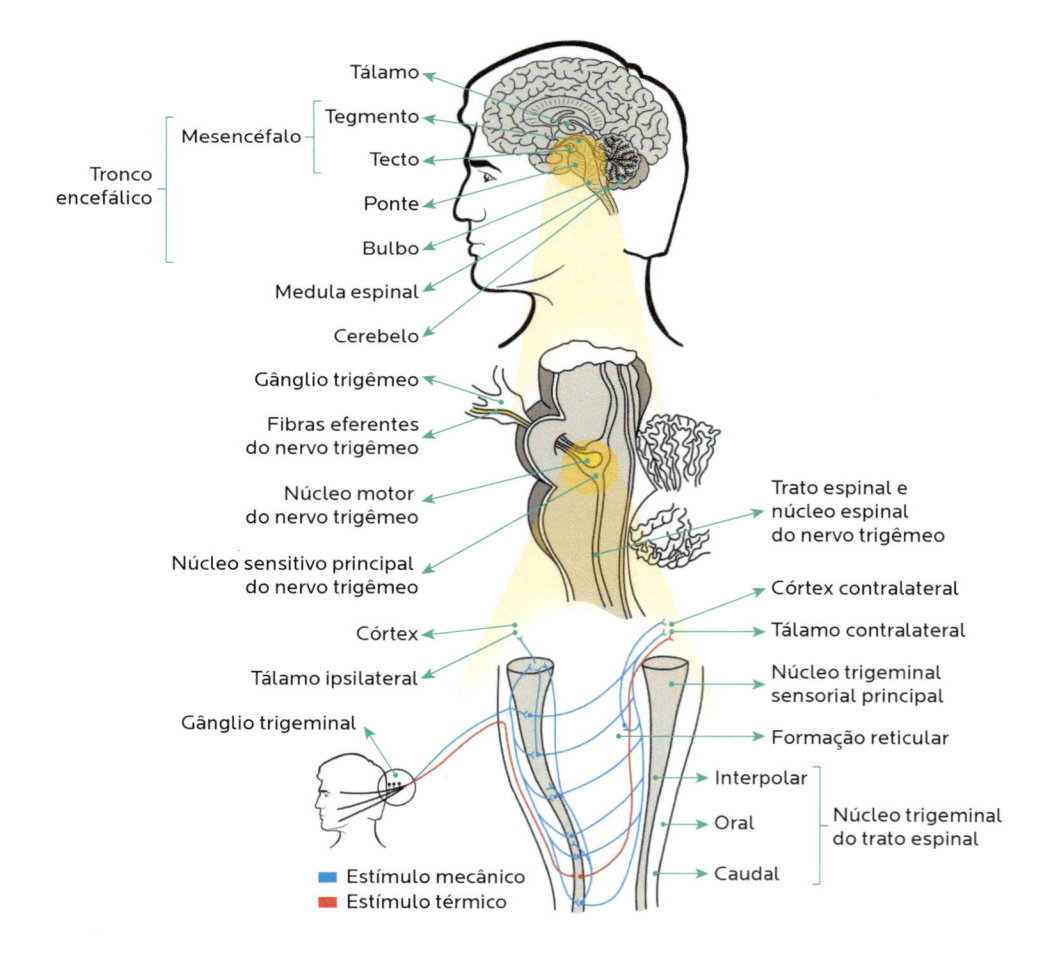

Figura 2.2 – Via sensorial de tato e temperatura da região orofacial.

sensoriais são transmitidas diretamente ou indiretamente ao tálamo (complexo ventrobasal, grupo nuclear posterior e tálamo medial) e finalmente, por meio das projeções talamocorticais, para regiões específicas do córtex relacionadas às sensações orofaciais, onde podem gerar a percepção consciente.

No córtex sensorial somático, cada região do corpo é representada em uma área específica, formando o que é conhecido como mapa somatotópico ou homúnculo (homem pequeno com proporções distorcidas) (Fig.2.3). O tamanho das áreas de representação cortical da região das mãos e da região orofacial é desproporcionalmente maior em relação ao das demais áreas de representação cortical. Assim, no homúnculo, a representação do corpo é distorcida e reflete a grande densidade de aferências sensoriais da região das mãos e da região orofacial que se projetam a essas áreas corticais.

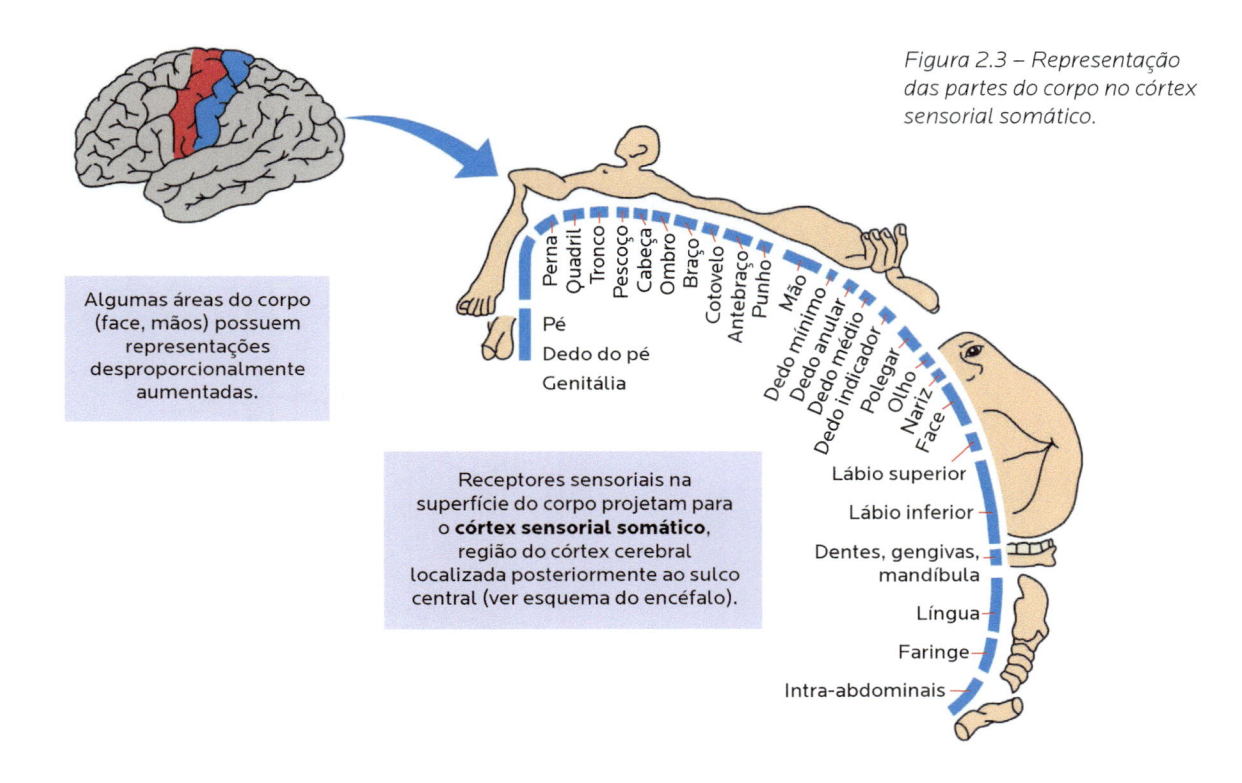

Figura 2.3 – Representação das partes do corpo no córtex sensorial somático.

Algumas áreas do corpo (face, mãos) possuem representações desproporcionalmente aumentadas.

Receptores sensoriais na superfície do corpo projetam para o **córtex sensorial somático**, região do córtex cerebral localizada posteriormente ao sulco central (ver esquema do encéfalo).

Perna, Quadril, Tronco, Pescoço, Cabeça, Ombro, Braço, Cotovelo, Antebraço, Punho, Mão, Dedo mínimo, Dedo anular, Dedo médio, Dedo indicador, Polegar, Olho, Nariz, Face, Lábio superior, Lábio inferior, Dentes, gengivas, mandíbula, Língua, Faringe, Intra-abdominais

Pé, Dedo do pé, Genitália

SENSIBILIDADE TÁTIL OROFACIAL

A sensibilidade tátil orofacial corresponde à percepção das características dos objetos que tocam a pele e a mucosa por meio da ativação dos mecanorreceptores orofaciais, também conhecidos como receptores táteis. A sensibilidade tátil proveniente especificamente da cavidade oral contribui para a identificação de objetos que são introduzidos à boca. Os mecanorreceptores são estruturas encapsuladas especializadas que são deformadas por estímulos táteis, pressóricos e/ou vibratórios. Esses estímulos alteram a permeabilidade iônica da membrana citoplasmática dos mecanorreceptores, produzindo potenciais geradores excitatórios responsáveis pela deflagração de potenciais de ação.

Os mecanorreceptores podem ser classificados de acordo com suas características morfológicas e de adaptação, seu campo receptivo e sua localização anatômica (Quadro 2.1). Há quatro tipos de mecanorreceptores que apresentam estruturas morfológicas distintas na pele digital (Fig. 2.4):

- corpúsculos de Pacini;
- corpúsculos de Meissner;
- discos de Merkel;
- terminações de Ruffini.

Esses receptores são conhecidos como mecanorreceptores de **baixo limiar de excitabilidade**, ou seja, são especializados em detectar

QUADRO 2.1 – **Classificação dos mecanorreceptores.**

Mecanorreceptores	Adaptação	Campo receptivo	Localização anatômica	Limiar de excitabilidade
Corpúsculos de Pacini	Rápida	Grande	Derme	Baixo
Corpúsculos de Meissner	Rápida	Pequeno	Entre a derme e a epiderme	Baixo
Discos de Merkel	Lenta	Pequeno	Entre a derme e a epiderme	Baixo
Terminações de Ruffini	Lenta	Grande	Derme	Baixo

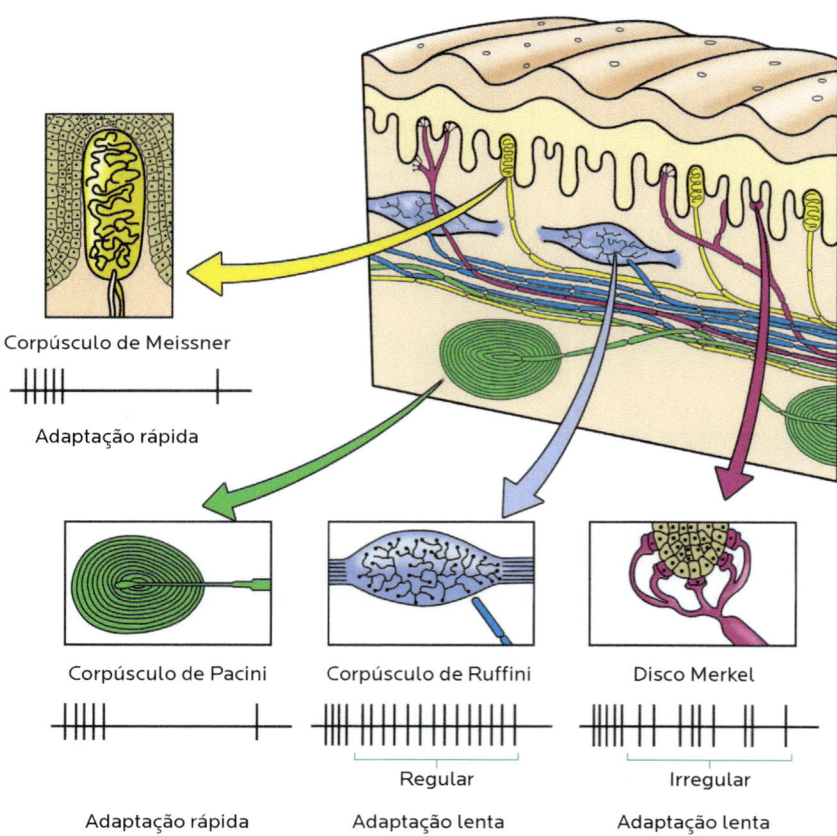

Figura 2.4 – Receptores de tato e pressão.

estímulos de baixa intensidade. Os corpúsculos de Pacini parecem estar ausentes na região orofacial.

Com relação às propriedades de adaptação, os mecanorreceptores podem ser divididos em receptores de adaptação rápida e lenta. Aqueles que mantêm a deflagração de potenciais elétricos durante a presença do estímulo são denominados **de adaptação lenta** e podem ser subdivididos em dois grupos (Fig. 2.4):

- adaptação lenta tipo I, que apresentam deflagração de estímulos de forma irregular;
- adaptação lenta tipo II, que apresentam deflagração de potenciais elétricos uniformes.

Os mecanorreceptores que respondem apenas quando ocorrem alterações na potência do estímulo são denominados de **adaptação rápida**. Os corpúsculos de Pacini e de Meissner são classificados como de adaptação rápida, enquanto os discos de Merkel e as terminações de Ruffini são classificados como de adaptação lenta.

Outra classificação desses receptores está relacionada com seus campos receptivos e sua localização anatômica. Os corpúsculos de Meissner e os discos de Merkel apresentam pequenos campos receptivos e estão localizados entre a derme e a epiderme, enquanto os corpúsculos de Pacini e as terminações de Ruffini apresentam grandes campos receptivos e estão localizados em camadas mais profundas da derme.

A maioria dos mecanorreceptores da pele da face, da zona transicional dos lábios e da mucosa oral está vinculada a pequenos e bem definidos campos receptivos de adaptação lenta. Estudos clínicos têm demonstrado que os mecanorreceptores dos tecidos periorais, além de responderem a estímulos táteis, vibratórios e/ou pressóricos, também são vigorosamente estimulados em resposta aos comportamentos orais, tais como o contato entre os lábios, a pressão do ar durante a pronúncia de sons e aos mais variados movimentos labiais e mandibulares. Uma vez demonstrado que os receptores táteis da pele/mucosa periorais captam informações proprioceptivas, fica evidente sua contribuição no controle dos comportamentos orais.

Os mecanorreceptores da superfície da língua estão vinculados a campos receptivos pequenos e bem definidos de adaptação rápida para deformação tecidual. Os mecanorreceptores da língua humana não respondem aos próprios movimentos da língua, a menos que os campos receptivos sejam ativados por outras estruturas intraorais ou objetos.

Outra classe de mecanorreceptores orofaciais que merece particular atenção é a dos **mecanorreceptores periodontais**, encontrados ao longo das fibras colágenas do ligamento periodontal. Esses mecanorreceptores se ligam da raiz dos dentes até o osso alveolar e reconhecem as informações relacionadas à duração, à intensidade e ao direcionamento das forças que agem sobre a dentição. Considerando que a percepção das forças que incidem sobre os dentes refere-se à propriocepção oral, os mecanorreceptores periodontais também são classificados como proprioceptores, de

SAIBA MAIS

Em geral, os mecanorreceptores presentes nos tecidos orofaciais apresentam propriedades similares à dos mecanorreceptores de outras regiões do corpo. A região perioral e a ponta da língua são as áreas com maior densidade de mecanorreceptores.

LEMBRETE

A precisão sensorial da ponta da língua para a discriminação de forma e textura está associada à predominância de aferentes de adaptação rápida.

SAIBA MAIS

A ativação dos mecanorreceptores periodontais fornece a sensação de contato oclusal em indivíduos dentados, contribuindo para a sensibilidade tátil dentária. Já a ativação dos mecanorreceptores da mucosa oral, associada à ativação dos mecanorreceptores da ATM, fornece a sensação de contato oclusal em indivíduos portadores de prótese total superior e inferior.

forma que neste capítulo serão abordados tanto no tópico de sensibilidade tátil como proprioceptiva.

Qualquer estímulo mecânico que incida sobre os dentes é captado pelos mecanorreceptores periodontais (p. ex., durante a mastigação, a fonoarticulação, a sucção ou simplesmente quando a língua encosta nos dentes). Os mecanorreceptores localizados no ligamento de dentes anteriores são sensíveis a forças muito pequenas e respondem melhor àquelas que incidem perpendicularmente sobre os dentes, enquanto os mecanorreceptores localizados no ligamento de dentes posteriores são mais sensíveis a forças axiais. Isso está de acordo com a função de cada grupo dental, pois os dentes anteriores têm a função de incisão, e os posteriores, de trituração.

Os mecanorreceptores periodontais são terminações de Ruffini de adaptação lenta tipo II. Alguns dos neurônios sensoriais associados a esses mecanorreceptores periodontais têm seu corpo celular no núcleo mesencefálico trigeminal (NMT), e outros, no gânglio trigeminal. Embora os mecanorreceptores periodontais sejam terminações de Ruffini, alguns estudos apontam diferenças no limiar de excitabilidade, na velocidade de adaptação e na resposta muscular que se segue à ativação dos receptores associados aos neurônios do gânglio trigeminal e do NMT.

O campo receptivo dos mecanorreceptores periodontais compreende mais de um elemento dental em decorrência das interações mecânicas entre os elementos dentais adjacentes, como contato interdental, fibras colágenas transeptais e ramificações axonais. A organização dos campos receptivos periodontais, feita por meio de aferências de dentes adjacentes, aumenta a precisão do reconhecimento do direcionamento das forças sob os elementos dentais durante a mastigação. Em outras palavras, os mecanorreceptores periodontais conseguem sinalizar os elementos dentais que estão sendo estimulados, bem como o direcionamento da força aplicada a um dente em específico.

SENSIBILIDADE TÉRMICA OROFACIAL

A sensibilidade térmica da região orofacial é um importante mecanismo de defesa, pois permite a detecção de estímulos térmicos potencialmente nocivos que constituem uma ameaça à integridade dos tecidos orofaciais. A sensibilidade térmica proveniente especificamente da cavidade oral contribui para a identificação de objetos que são introduzidos à boca (p. ex., metais são mais frios do que madeira), além de contribuir para a percepção do sabor dos alimentos introduzidos na boca.

Os estímulos térmicos são detectados pela ativação de termorreceptores (termoceptores) de frio e de calor que se encontram amplamente distribuídos na região orofacial. Esses receptores exibem um estado basal de descarga (resposta basal) em temperaturas constantes e aumentam sua frequência de descarga em resposta a mudanças de temperatura (resposta dinâmica).

Os termorreceptores de frio e calor podem ser ativados por estímulos térmicos que variam em uma ampla faixa de temperatura. No caso dos termorreceptores de frio, essa faixa de temperatura situa-se entre aproximadamente 10 e 40°C, embora eles sejam mais intensamente ativados por temperaturas entre 20 a 30°C. Já os termorreceptores de calor podem ser ativados por estímulos térmicos que variam aproximadamente de 32 a 45°C, mas são mais intensamente ativados por temperaturas na faixa de 40 a 45°C.

Os termorreceptores de frio e calor apresentam uma faixa comum e relativamente ampla de temperatura (32 a 40°C) em que são ativados. Portanto, na temperatura bucal normal, ambos deflagram continuamente impulsos aferentes, ou seja, apresentam uma resposta basal. No entanto, as sensações térmicas se adaptam ao longo do tempo, e as variações repentinas de temperatura são aquelas que geram percepções térmicas mais intensas.

Na mucosa oral, assim como em outras regiões do corpo, há um maior número de termorreceptores de frio do que de calor. Calcula-se que na mucosa oral há aproximadamente 4,6 receptores de frio/cm^2, para apenas 3,6 receptores de calor/cm^2. Na boca, a densidade dos termorreceptores de calor e frio é maior na região dos lábios e do palato. Além de serem mais numerosos, os termorreceptores de frio estão localizados mais superficialmente do que os de calor. Essa diferença na densidade e na profundidade dos termorreceptores provavelmente explica porque geralmente temos uma sensibilidade ao frio mais elevada.

A sensibilidade térmica é mediada por fibras nervosas aferentes primárias que transduzem, codificam e transmitem informações térmicas. Os termorreceptores correspondem à terminação periférica dessas fibras sensoriais, que podem ser fibras mielinizadas Aδ e fibras amielinizadas C. O corpo dessas fibras localiza-se no gânglio trigeminal, e suas terminações centrais penetram no tronco encefálico, onde fazem sinapse com neurônios secundários do núcleo do trato trigeminal. Esses neurônios, por sua vez, fazem sinapse com neurônios do tálamo, que se projetam para o córtex sensorial somático resultando na percepção térmica (Fig. 2.2).

Um dos testes mais comuns em odontologia para a verificação da vitalidade pulpar é a aplicação de um estímulo frio na região cervical do dente e a comparação do tempo e da intensidade da resposta entre um dente afetado e um dente saudável. No entanto, a resposta a esse teste parece não estar relacionada aos termorreceptores. Há evidências de que a reposta a estímulos frios envolve o mecanismo hidrodinâmico, uma vez que a latência das respostas sensoriais à estimulação com frio em humanos é muito curta para ser explicada por um mecanismo sensível à mudança de temperatura na polpa ou na interface polpa/dentina, onde as terminações nervosas estão localizadas.

Na verdade, o estímulo frio no esmalte dental ou na dentina exposta causa deslocamento do fluido contido nos túbulos dentinários subjacentes. Acredita-se que isso se deva a uma grande contração do conteúdo fluido dos túbulos (pelo grande coeficiente de expansão térmica), sendo esta maior do que a que ocorre na matriz dentinária, causando dor. O Capítulo 3 aborda mais detalhadamente o mecanismo da sensibilidade dentinária.

SAIBA MAIS

Estudos têm demonstrado que muitos neurônios das vias gustativas de mamíferos respondem à temperatura. Pesquisas recentes nesse campo demonstram que aquecer ou resfriar pequenas áreas da língua pode de fato causar sensações de sabor. Por exemplo, o aquecimento da borda anterior da língua a partir de uma temperatura fria pode causar a sensação de doce, enquanto o resfriamento pode causar a sensação de acidez ou salinidade. Essas observações indicam que o sistema gustativo humano contém muitos tipos diferentes de neurônios térmicos sensitivos que normalmente contribuem para a decodificação sensorial na detecção dos sabores.

LEMBRETE

As vias neurais ascendentes térmicas associam-se fortemente às vias trigeminais nociceptivas. No entanto, os termorreceptores específicos para frio ou calor diferenciam-se dos nociceptores porque estes são ativados por estímulos dolorosos de temperaturas extremas baixas ou altas (<20 °C e >45 °C). Assim, o bloqueio das vias de nocicepção determina ao mesmo tempo a inibição da termocepção.

SAIBA MAIS

A percepção térmica parece diminuir progressivamente com a idade. Isso ocorre tanto com a sensibilidade térmica ao frio quanto ao calor, mas a sensibilidade ao frio que permanece geralmente predomina, o que explicaria o fato de pessoas idosas geralmente sentirem mais frio do que calor. Os mecanismos envolvidos nessa redução não são bem conhecidos, mas é possível que envolvam uma redução na inervação tecidual e no suprimento vascular, além de modificações estruturais nas fibras sensoriais.

SENSIBILIDADE PROPRIOCEPTIVA OROFACIAL

Propriocepção

Autopercepção da posição do corpo no espaço e da localização relativa de cada uma das várias partes corporais.

O termo propriocepção (do latim *proprio*, de si mesmo, e *ceptive*, receber) foi introduzido pelo eminente eletrofisiologista britânico Charles Sherrington em 1906. Na região orofacial, a propriocepção se refere à percepção da posição estática da mandíbula, da direção e da velocidade de seus movimentos, da força contrátil dos músculos mastigatórios e das forças que incidem sobre os dentes. Para garantir essa percepção, o SNC dispõe de dois mecanismos:

- monitoramento da atividade das vias descendentes que partem do córtex motor e outras áreas motoras superiores para os músculos esqueléticos;
- informação sensorial proveniente da periferia (*feedback* sensorial).

Diferentes classes de receptores proprioceptivos, ou proprioceptores, captam e transduzem estímulos mecânicos (estiramento, pressão, deslizamento e/ou deslocamento) que incidem sobre músculos, tendões, articulações e ligamentos. Além da função relacionada à percepção, ou seja, à propriocepção, a informação proveniente desses receptores é essencial para o controle de diversos movimentos corporais, como veremos a seguir.

LEMBRETE

Todos os neurônios do núcleo mesencefálico trigeminal (NMT) têm sua terminação periférica associada a receptores proprioceptivos da região orofacial, ou seja, são neurônios proprioceptivos.

Assim como o tato, a nocicepção e a sensibilidade térmica, a propriocepção é uma modalidade sensorial somática. Portanto, as informações provenientes dos proprioceptores da região orofacial são conduzidas ao SNC pelas fibras aferentes sensoriais do nervo trigêmeo. Como já foi mencionado, a grande maioria das fibras aferentes trigeminais que conduzem a informação sensorial somática da região orofacial tem seu corpo celular no gânglio trigeminal (de Gasser), assim como as fibras que conduzem a informação sensorial somática das demais regiões do corpo (fibras pertencentes aos nervos espinhais) têm seu corpo celular localizado nos gânglios das raízes dorsais. No entanto, a maioria das fibras que conduzem a informação proprioceptiva da região orofacial tem seu corpo celular localizado no NMT. São, portanto, as únicas fibras aferentes primárias cujo corpo celular reside no SNC (Fig. 2.5).

Em sua imensa maioria, os neurônios do NMT são pseudounipolares (como os demais neurônios sensoriais somáticos) cuja terminação central adentra o núcleo motor do trigêmeo, onde fazem **sinapse excitatória** diretamente com os neurônios motores que inervam os músculos mastigatórios (Fig.2.5) ou com neurônios pré-motores (interneurônios inibitórios ou excitatórios) que, por sua vez, fazem sinapse com os neurônios motores.

A partir das informações proprioceptivas transmitidas pelos neurônios do NMT, os motoneurônios trigeminais controlam uma série de movimentos complexos e de grande importância funcional. Entre tais movimentos, destacam-se os reflexos de abertura e de fechamento bucal, a manutenção da posição postural da mandíbula e do espaço funcional livre, a posição oclusal, a graduação precisa da força mastigatória de acordo com as características de determinado alimento e muitas outras funções motoras sob as quais temos pouca ou nenhuma percepção.

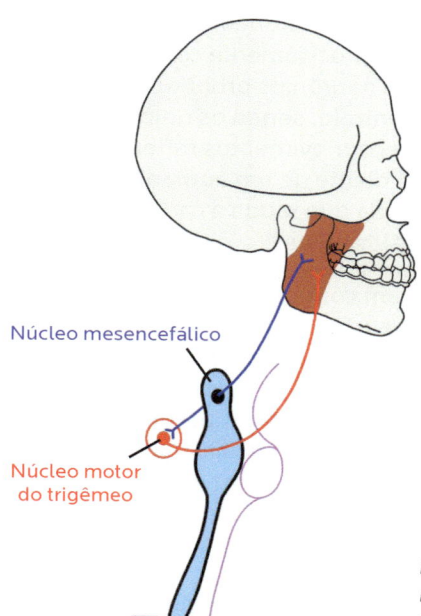

Figura 2.5 – Circuito neuronal envolvido no reflexo miotático que mantém a posição postural da mandíbula.

Núcleo mesencefálico

Núcleo motor do trigêmeo

A importância do *feedback* sensorial para tais funções motoras é experimentalmente demonstrada pelo marcantemente comprometimento dessas funções após a secção da raiz sensorial trigeminal. A importância do NMT na propriocepção é experimentalmente demonstrada pelo comprometimento das funções motoras que exigem *feedback* proprioceptivo após a lesão desse núcleo. Por exemplo, qualquer um dos dois procedimentos leva animais de experimentação a perderem a capacidade de regular a força mastigatória de acordo com a dureza dos alimentos.

Áreas encefálicas superiores também exercem importante influência nos movimentos controlados pelos neurônios do NMT. Assim que adentram o SNC, os neurônios proprioceptivos do NMT emitem fibras colaterais que ascendem para os centros superiores, permitindo que parte da informação proprioceptiva seja processada em nível consciente (p. ex., você tem consciência de sua posição corporal no espaço, mesmo de olhos fechados). Esses centros superiores, como o córtex motor e o cerebelo, influenciam a atividade dos neurônios proprioceptivos e dos próprios neurônios motores por meio de vias descendentes. Essa comunicação mútua garante o componente consciente da propriocepção e o controle sobre algumas funções proprioceptivas, como o tônus muscular. Veremos adiante que o tônus muscular é mantido por mecanismos proprioceptivos inconscientes; no entanto, em determinadas situações, pode ser controlado conscientemente, como quando um boxeador aumenta o tônus de sua musculatura mandibular na eminência de receber um golpe.

A principal função dos músculos mastigatórios é fornecer força para que os dentes possam triturar os alimentos em pedaços pequenos o suficiente para serem deglutidos. Portanto, são músculos robustos capazes de aplicar grandes forças a pequenas distâncias por meio de dentes rígidos. Tais forças poderiam facilmente lesar os dentes, os tecidos de suporte e seus tecidos vizinhos, a ATM e os próprios

LEMBRETE

A informação proveniente dos receptores proprioceptivos é essencial para a maioria dos movimentos reflexos.

LEMBRETE

O estudo dos mecanismos pelos quais os receptores proprioceptivos iniciam grande parte dos reflexos dos músculos esqueléticos auxilia a compreensão da importância e da função da propriocepção. Desse modo, recomenda-se revisar a fisiologia dos músculos esqueléticos e o controle dos movimentos corporais.

músculos. Por esse motivo, a atividade dos motoneurônios que controlam os músculos mastigatórios é precisamente controlada. Além das áreas motoras superiores, os neurônios proprioceptivos periféricos são essenciais para esse controle, sendo os únicos responsáveis, por exemplo, por iniciar os movimentos reflexos para proteção do sistema estomatognático diante de um aumento súbito de carga e por controlar a força mastigatória que muda a cada mordida, de acordo com as características dos alimentos.

Todos os reflexos musculares se iniciam com um estímulo que ativa um receptor sensorial periférico. Os neurônios sensoriais conduzem a informação desses receptores ao SNC, que responde de duas maneiras: ativando os neurônios motores que inervam os músculos esqueléticos e, portanto, determinado a contração muscular, ou inibindo-os, determinado o relaxamento muscular. Na maioria das vezes ocorrem as duas coisas, pois, para movimentar qualquer parte do corpo, alguns músculos são estimulados (músculos agonistas ao movimento) enquanto outros são inibidos (músculos antagonistas).

SAIBA MAIS

Como os reflexos musculares são movimentos automáticos e estereotipados, temos a tendência de minimizar sua importância, acreditando que são movimentos eventuais, quase acidentais. No entanto, embora alguns reflexos, de fato, surjam apenas em circunstâncias eventuais, outros estão sempre em atividade, coordenando vários aspectos da motricidade, como a postura e a força muscular a cada contração.

RECEPTORES PROPRIOCEPTIVOS DOS MÚSCULOS E TENDÕES

SENSORES DE COMPRIMENTO MUSCULAR

No interior da maioria dos músculos esqueléticos há estruturas especializadas chamadas **fusos musculares**, cuja função é detectar as variações do comprimento muscular (Fig. 2.6). No sistema estomatognático há centenas de fusos nos músculos elevadores da mandíbula, mas não nos abaixadores. Cada fuso muscular geralmente é formado por cinco a dez fibras musculares intrafusais. No entanto, nos músculos mandibulares esse número é maior, podendo chegar a

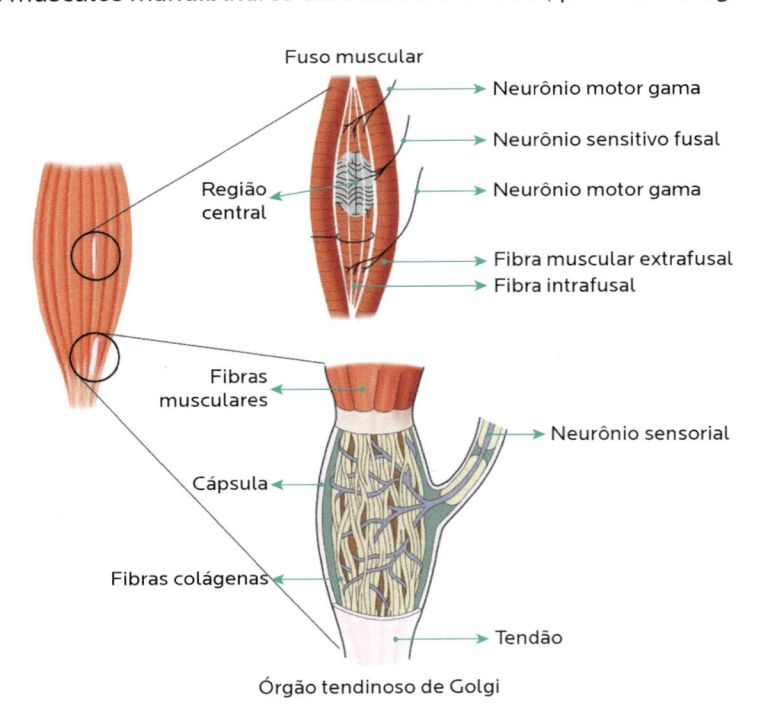

Figura 2.6 – Constituintes do fuso muscular e do órgão tendinoso de Golgi.

mais de trinta, o que denota maior precisão em seu funcionamento. Uma bainha de tecido conjuntivo envolve todo o fuso e separa as fibras intrafusais das fibras musculares comuns (extrafusais).

As **fibras intrafusais** são pequenas fibras musculares modificadas que possuem miofibrilas contráteis apenas em suas extremidades, pois sua porção central funciona como um receptor sensorial. Como cada fuso está disposto paralelamente às **fibras extrafusais** contráteis (Fig. 2.6), o fuso será alongado toda vez que o músculo for estirado.

O alongamento da região central do fuso leva à abertura de canais mecanossensíveis e à deflagração de potenciais de ação nos neurônios sensoriais que inervam o fuso. Esses neurônios fusais correspondem a uma parcela importante dos neurônios proprioceptivos do NMT descritos anteriormente. Uma vez que esses neurônios fazem sinapse com neurônios motores que inervam o músculo que os contém (Fig. 2.5), é fácil concluir que a ativação do neurônio fusal leva à contração muscular reflexa. Esse mecanismo reflexo pelo qual um músculo alongado inicia uma contração é conhecido como **reflexo de estiramento ou reflexo miotático.**

> **LEMBRETE**
>
> O reflexo de estiramento ou reflexo miotático é fundamental na manutenção do tônus muscular e da posição postural da mandíbula.

Às vezes não percebemos que nossos músculos estão sempre parcialmente contraídos, alguns mais, outros menos. É esse estado permanente de contração que nos permite manter nossa posição corporal a despeito da força da gravidade. Se você já adormeceu sentado em uma poltrona ou em posição inclinada, sabe que é impossível manter a mandíbula em posição e a boca fechada, pois a força da gravidade tende a abaixar a mandíbula. No entanto, quando você está acordado, o reflexo de estiramento garante que sua mandíbula, assim como todo o restante de seu corpo, seja mantida em posição postural. Isso acontece porque, sempre que a mandíbula tende a cair, ocorre estiramento dos músculos masseter e temporal, ativando a fibra sensorial do fuso que determina a contração muscular reflexa desses músculos ao fazer sinapse com os neurônios motores, reposicionando a mandíbula.

A Figura 2.5 representa o arco do reflexo miotático que mantém a mandíbula em sua posição postural, e é um exemplo clássico de reflexo monossináptico, pois a fibra aferente excita diretamente o neurônio motor. Com a contração muscular, a frequência de potenciais de ação na fibra sensorial do fuso diminui, o que garante que apenas um leve grau de contração do fuso muscular seja mantido. Esse estado permanente de contração é denominado **tônus muscular**. O tônus muscular é constante porque as fibras sensoriais do fuso estão o tempo todo monitorando o grau de estiramento muscular e, portanto, estão sempre deflagrando potenciais de ação e excitando os neurônios motores. No entanto, a frequência de potenciais de ação nas fibras fusais é variável (p. ex., aumenta quando o músculo é estirado, o que se traduz em aumento do grau de contração muscular). O mecanismo que garante esse funcionamento constante do fuso muscular é denominado **coativação alfa-gama** e será explicado a seguir.

Até aqui analisamos a resposta neuromuscular à distensão das fibras extrafusais e, consequentemente, das fibras intrafusais. Em uma situação oposta, em que uma contração muscular voluntária é iniciada, o encurtamento das fibras extrafusais poderia sugerir que os fusos também encurtassem e a taxa de disparo de seus neurônios sensoriais diminuísse ou até cessasse. O fuso, portanto, deixaria de prover informações a respeito do comprimento muscular. Porém, isso não ocorre, porque, sendo uma fibra muscular, a fibra intrafusal também recebe inervação motora eferente e se contrai, sob o comando neural, sempre que as fibras extrafusais em suas extremidades contraem. O neurônio motor que inerva as fibras intrafusais é denominado **neurônio motor gama**, para diferenciá-lo do neurônio que inerva as fibras extrafusais, denominado **neurônio motor alfa**. Sempre que os neurônios motores alfa são ativados para induzir contração muscular, os neurônios motores gama são concomitantemente ativados e induzem a contração das extremidades da fibra intrafusal.

A contração das extremidades da fibra intrafusal alonga a parte central do fuso mantendo-o excitado, independentemente da contração da fibra extrafusal. Esse mecanismo permite que os neurônios sensitivos fusais permaneçam tonicamente ativos, desencadeando potenciais de ação mesmo com o músculo em comprimento de repouso, porém em uma frequência menor. Pode-se dizer, portanto, que as variações do comprimento muscular são codificadas em frequência de potenciais de ação pelas fibras aferentes fusais.

A organização do sistema neuromuscular permite que cada movimento seja precisamente coordenado. Para garantir isso, existe uma grande redundância nos mecanismos de ativação e de inibição das fibras musculares em um grupo de músculos que atuam sob uma articulação. Por exemplo, uma única fibra sensorial proveniente do fuso faz sinapse com praticamente todos os neurônios motores que inervam o músculo de origem. Além disso, essa fibra se conecta com neurônios dos músculos sinergistas para excitá-los, a fim de que eles também se contraiam. Por fim, a fibra sensorial do fuso faz conexões sinápticas com interneurônios inibitórios que inibem os neurônios motores dos músculos antagonistas, resultando no relaxamento desses músculos.

Essa interconexão estabelece fortes elos entre os músculos atuantes sobre uma mesma articulação, de modo que não atuem independentes uns dos outros. Por exemplo, para a mandíbula ser elevada pelos músculos elevadores, os músculos supra-hióideos devem estar relaxados e se distender. Da mesma forma, para abaixar a mandíbula, os músculos elevadores devem estar relaxados e se distender, e, enquanto os infra-hióideos estabilizam o osso hioide em posição, os supra-hióideos se contraem, abaixando a mandíbula. Uma intricada rede de interneurônios no núcleo motor do trigêmeo garante essa **inervação recíproca** de músculos oponentes. Mas essa não é a única função desses interneurônios: às vezes pode ser vantajoso contrair simultaneamente agonistas e antagonistas em uma **co-contração**, que teria o efeito de enrijecer a articulação, determinando uma imobilidade relativa.

A co-contração dos músculos elevadores e abaixadores da mandíbula caracteriza uma condição clínica conhecida como trismo, relacionada à incapacidade de abrir a boca adequadamente. Essa condição ocorre com frequência no sistema estomatognático, em decorrência de trauma na ATM ou de trauma oclusal agudo, por exemplo, devido a uma restauração alta. Nesse caso, a co-contração é desencadeada com o intuito de proteger a articulação traumatizada, ou, no caso do trauma oclusal, de proteger os dentes, o periodonto e também os próprios músculos e a articulação de um contato prematuro danoso a todo sistema. O trismo também ocorre com frequência em casos de cirurgia traumática de terceiros molares. Nesses casos, a co-contração é desencadeada com o intuito de proteger os tecidos orais lesados.

SENSORES DE TENSÃO MUSCULAR

A contração muscular que vimos até agora é do tipo **isotônica**, na qual o comprimento muscular varia sem grande alteração na tensão muscular. Mas há outro tipo de contração, a **isométrica**, em que ocorre exatamente o contrário, ou seja, um aumento da tensão sem grande variação no comprimento muscular. É o que acontece quando você pressiona um objeto ou alimento entre os dentes tentando quebrá-lo. Por mais que os músculos elevadores da mandíbula se contraiam, aumentando a força muscular para quebrar o objeto, a mandíbula não pode ser movida além da posição oclusal.

A tensão muscular durante a contração isométrica é monitorada por outro tipo de receptores proprioceptivos, **os órgãos tendinosos de Golgi**. Esses receptores estão amplamente distribuídos no tendão de inserção da maioria dos músculos esqueléticos. Enquanto os fusos estão dispostos em paralelo com as fibras musculares, os órgãos tendinosos de Golgi estão dispostos em série (Fig. 2.6). A disposição em série é apropriada para detectar as variações na tensão que são transmitidas diretamente ao tendão de inserção do músculo. Portanto, os órgãos tendinosos de Golgi respondem tanto ao estiramento quanto à contração muscular, pois ambos aumentam a tensão no tendão de inserção. No entanto, a contração muscular é um estímulo mais eficaz do que o estiramento, uma vez que o estímulo real é a força exercida sobre o tendão que contém o receptor.

Enquanto a ativação dos neurônios sensoriais provenientes do fuso excita os neurônios motores, levando à contração muscular, a ativação dos neurônios sensoriais provenientes dos órgãos tendinosos de Golgi os inibe, levando ao relaxamento muscular. Desse modo, pode-se inferir que as fibras aferentes provenientes dos órgãos tendinosos de Golgi necessariamente fazem sinapse com interneurônios inibitórios na medula espinal ou no núcleo motor do trigêmeo e que esses interneurônios inibem os neurônios motores. Em circunstâncias extremas, a ativação desses receptores protege o músculo de cargas excessivas que poderiam lesar as fibras musculares ou suas estruturas de inserção. Esse é, portanto, um mecanismo protetor que evita que o músculo se contraia além de sua capacidade.

Agora que estudamos os receptores proprioceptivos dos músculos e tendões e vimos sua importante função no controle de movimentos reflexos, você pode estar se perguntando como os fusos dos músculos elevadores da mandíbula permitem que esta seja abaixada sem deflagrar o reflexo miotático. Pode, ainda, estar imaginando como é possível levantar pesos que exigem uma grande tensão muscular sem deflagrar o reflexo protetor do órgão tendinoso de Golgi. A resposta

Órgãos tendinosos de Golgi

Estruturas encapsuladas como os fusos, mas que possuem em seu interior, em vez de fibras musculares, uma intrincada rede de fibras colágenas que se entrelaçam com as terminações nervosas livres dos neurônios proprioceptivos aferentes.

para essas questões está no poderoso controle que as áreas motoras superiores exercem nos movimentos musculares.

Quando você quer conscientemente abrir a boca, ou quando se prepara para levantar um peso com os braços, os centros encefálicos superiores inibem os mecanismos reflexos. Essa inibição ocorre no SNC, no nível do núcleo motor do trigêmeo ou da medula espinal (quando consideramos movimentos dos membros), por meio de mecanismos de inibição pré ou pós-sináptica. Portanto, o funcionamento dos receptores periféricos não é afetado, e eles continuam constantemente monitorando o comprimento e a tensão muscular.

Por exemplo, quando o músculo está em seu comprimento de repouso, apenas os neurônios sensoriais dos fusos estão ativos (por causa do mecanismo de coativação alfa gama). Contudo, quando o estiramento aumenta, a frequência de disparo dos neurônios dos fusos aumenta, e ocorre o início do disparo dos neurônios dos órgãos tendinosos de Golgi. Em ambos, a frequência de disparo é proporcional ao grau de distensão e à velocidade em que ocorre. Essa informação é integrada no SNC e, ao ser transmitida aos neurônios motores, permite o controle de movimentos reflexos; ao ser transmitida aos centros encefálicos superiores, permite a consciência da posição e condição muscular.

SAIBA MAIS

Os receptores periodontais são muito eficientes em sinalizar qualquer tipo de força aplicada aos elementos dentais. A sinalização periodontal apresenta um papel decisivo na determinação da força no desenvolvimento da mordida e mastigação. Neste sentido, tem sido demonstrado que os sinais provenientes dos receptores periodontais são utilizados para o controle do refinamento motor da movimentação da mandíbula.

RECEPTORES PROPRIOCEPTIVOS DO PERIODONTO

Como já foi mencionado neste capítulo, as informações fornecidas ao SNC pelos mecanorreceptores periodontais a respeito da magnitude, da direção e da velocidade das forças aplicadas sobre a superfície oclusal são importantes para a percepção sensorial e para o controle motor. Os mecanorreceptores periodontais apresentam uma nítida correlação entre a quantidade de disparos e a magnitude das forças aplicadas sobre a superfície oclusal, o que aumenta a capacidade desses receptores em reconhecer modificações sutis de intensidade de força sobre os elementos dentais.

A intensidade da força pode ser avaliada pela média da resposta dos receptores periodontais ativados. A sinalização periodontal apresenta um papel decisivo na determinação da força no desenvolvimento da mordida e mastigação. De fato, os mecanorreceptores periodontais são considerados a mais importante fonte de informação sensorial durante a mastigação. A informação a respeito da mudança na posição dos dentes e da consistência dos alimentos é transmitida ao SNC, onde é processada e convertida em sinais eferentes para os músculos da mastigação. Como resultado, o contado dente a dente ocorre na posição correta e com a força apropriada a cada mordida. Esse *feedback* sensorial também tem função de proteção, impedindo que os dentes e seus tecidos de suporte, os músculos e a ATM sejam expostos a cargas excessivas.

Com a perda dos dentes, o *feedback* sensorial a partir do periodonto é perdido, e as alterações resultantes dessa perda são demonstradas por estudos em pacientes edentados e reabilitados com próteses sob implantes. Tais pacientes mastigam com aproximadamente a mesma força durante toda a sequência mastigatória, enquanto pacientes com dentição natural apresentam variações da força mastigatória a cada mordida, de acordo com as características do alimento. A ausência de informações sensoriais provenientes do periodonto também dificulta a coordenação bilateral das contrações musculares e diminui a força de mordida. Em pacientes reabilitados com próteses sobre implantes, a força de mordida é de apenas 20 a 40% do valor observado em sujeitos dentados. A força máxima de mordida também é diminuída pela anestesia local, que interrompe o funcionamento dos neurônios sensoriais.

Embora os mecanorreceptores periodontais estimulem a contração dos músculos elevadores para aumentar a força mastigatória e facilitar a trituração do alimento, em determinadas circunstâncias eles podem também inibir a contração desses músculos, determinando a abertura bucal. É o que acontece quando um súbito e intenso aumento na carga oclusal ocorre, por exemplo, quando você morde uma pedrinha dispersa no bolo alimentar. Esse mecanismo é parte do poderoso e complexo reflexo de abertura bucal para o qual também contribuem os mecanorreceptores da ATM.

RECEPTORES PROPRIOCEPTIVOS DA ARTICULAÇÃO TEMPOROMANDIBULAR

A ATM é diferente das demais articulações uma vez que, para permitir os movimentos mandibulares, o côndilo faz também movimento de translação, além do movimento de rotação visto em todas as articulações. Outra peculiaridade da ATM é que, como a mandíbula é um osso único, ambas as ATMs se movem de forma simultânea, embora não necessariamente simétrica. Essas características possivelmente determinam a necessidade de um controle mais preciso e sincrônico dos movimentos dessa articulação em relação à maioria das outras articulações do corpo.

Os mecanorreceptores da ATM incluem receptores de Ruffini e órgãos de Golgi, aos quais se atribui a função de mecanorrecepção estática; corpúsculos de Paccini, associados à mecanorrecepção dinâmica; e terminações nervosas livres, associadas à estimulação de alta intensidade, ou seja, nociceptiva. Em conjunto, esses receptores informam ao SNC as mudanças na posição da mandíbula, contribuem para a discriminação sensorial de objetos e partículas interpostas entre os dentes, participam da manutenção do tônus mandibular, da graduação da força mastigatória e do controle de vários reflexos mandibulares (contribuindo para a inibição ou estimulação dos músculos envolvidos no reflexo).

A maior parte da inervação é originária do nervo auriculotemporal, sendo a parte anterior da cápsula inervada pelo nervo massetérico. Os corpos celulares se localizam no gânglio trigeminal, mas a informação disponível a respeito da conexão desses neurônios com os motoneurônios trigeminais é muito restrita.

SAIBA MAIS

Todas as articulações contêm mecanorreceptores articulares que são, em geral, associados à função protetora, uma vez que são ativados apenas durante movimentos extremos da articulação e inibem os músculos que atuam sobre ela. No entanto, como alguns mecanorreceptores da ATM podem ser ativados por movimentos muito leves, acredita-se que, além da função protetora, desempenhem também uma importante função sensorial.

CONSIDERAÇÕES FINAIS

O fato de a região orofacial ser altamente sensível, o que pode ser observado pela grande área de representação da região orofacial no córtex sensorial somático, reflete a importância da sensibilidade da região orofacial para nosso bem-estar. Alterações sensoriais após cirurgias podem comprometer muito a qualidade de vida dos pacientes.

Além de permitir a identificação das alterações que ocorrem nessa região, a sensibilidade somática da região orofacial também permite a identificação das características dos alimentos, como tamanho, textura e temperatura, sendo importante para o controle de funções motoras, como a própria mastigação.

3

Neurofisiologia da dor

CLÁUDIA HERRERA TAMBELI
CAIO CEZAR RANDI FERRAZ
MARIA RACHEL F. P. MONTEIRO
BARRY SESSLE

DEFINIÇÃO DE DOR E SUA COMPLEXIDADE

A dor é definida como uma experiência sensorial e emocional desagradável associada a dano tecidual real ou potencial, ou descrita em termos de tal dano. A dor geralmente ocorre em resposta a um estímulo nociceptivo que corresponde a um estímulo nocivo ou potencialmente nocivo detectado pelos órgãos dos sentidos denominados nociceptores. Além da dor, há uma série de reações que ocorrem em resposta a um estímulo nociceptivo:

- reflexo muscular (p. ex., o reflexo de abertura bucal, que é uma resposta subconsciente que ocorre no músculo digástrico e resulta na abertura bucal em resposta a um estímulo nociceptivo orofacial);
- respostas do sistema nervoso autônomo (p. ex., sudorese, aumento da frequência cardíaca, alterações da pressão arterial);
- respostas comportamentais (p. ex., alterações de humor, choro, tendência ao isolamento).

Assim, a dor é uma experiência complexa. Além do componente sensório-discriminativo também encontrado em outras sensações (p. ex., tato) e que nos permite discriminar a qualidade, a localização, a duração e a intensidade do estímulo, a dor possui os componentes cognitivo, motivacional e afetivo, que podem modificar as respostas e os comportamentos desencadeados pelo estímulo nociceptivo.

O **componente cognitivo** da dor se refere à capacidade de compreender e avaliar a dor e seu significado, e leva em conta os valores culturais, a atenção e as experiências e lembranças passadas (p. ex., a experiência passada com a dor durante uma visita anterior ao

LEMBRETE

Às vezes, as pessoas relatam dor na ausência de danos teciduais ou de qualquer outra causa fisiopatológica, geralmente por razões psicológicas. Assim, quando um paciente com dor procura o dentista, este deve considerar que está lidando com uma experiência complexa que envolve muitos fatores e mecanismos ocorridos dentro e fora do cérebro do paciente.

consultório odontológico). O **componente motivacional** refere-se à vontade de se livrar ou até mesmo de aumentar a dor e está associado a fatores como raça e cultura. Já o **componente afetivo** refere-se a emoções ou sentimentos desagradáveis associados à dor. Às vezes, as pessoas relatam dor na ausência de danos teciduais ou qualquer outra causa fisiopatológica, em geral, por razões psicológicas. Assim, quando um paciente com dor procura o dentista, é imporante que o dentista saiba que está lidando com uma experiência complexa que envolve muitos fatores e mecanismos que ocorrem dentro e fora do encéfalo do paciente.

Nocicepção

Processo fisiológico de codificação e processamento neural de um estímulo nociceptivo. Refere-se à atividade em uma via nociceptiva.

SAIBA MAIS

Em vez de simplesmente serem vistas como um sintoma de uma doença ou distúrbio, as alterações que ocorrem e persistem nos tecidos periféricos, nos nervos ou mesmo no próprio encéfalo têm levado a um conceito emergente de que a dor crônica corresponde, na verdade, a uma doença ou distúrbio do sistema nervoso.

Nocicepção e dor não devem ser confundidas, porque uma pode ocorrer sem a outra. Por exemplo, quando utilizamos analgésicos gerais para a remoção de terceiros molares inclusos, eles bloqueiam a dor, mas a nocicepção ainda pode ocorrer em resposta a procedimentos cirúrgicos, como a incisão. Já os anestésicos locais bloqueiam a atividade das fibras aferentes nociceptivas primárias, de modo que os sinais nociceptivos não chegam ao encéfalo. Portanto, os anestésicos locais bloqueiam tanto a nocicepção como a dor.

A dor pode ser aguda ou crônica. A **dor aguda** é descrita como um alerta de que uma lesão ocorreu em uma parte do corpo e de que uma mudança de comportamento deve ocorrer com o intuito de manter o dano tecidual o mais controlado possível. Em geral, ela se resolve rapidamente e é facilmente tratada, mas, algumas vezes, pode persistir para além do curso esperado de um processo de doença aguda ou para além do período de tempo necessário para ocorrer a reparação tecidual. Quando isso ocorre, ela se torna crônica. A **dor crônica** é geralmente definida como uma dor que persiste por pelo menos seis meses, e seu diagnóstico, bem como seu tratamento, é extremamente difícil.

MECANISMOS NOCICEPTIVOS PERIFÉRICOS

FIBRAS AFERENTES NOCICEPTIVAS PRIMÁRIAS

Os tecidos orofaciais, como os dentes, a pele facial, a articulação temporomandibular (ATM) e a musculatura adjacente são inervados principalmente por ramificações do nervo trigêmeo. Esse nervo é constituído por fibras nervosas aferentes primárias de grande calibre envolvidas na condução da informação tátil e proprioceptiva, bem como por fibras de pequeno calibre do tipo A-δ e C denominadas de fibras aferentes nociceptivas primárias.

Essas fibras têm seus corpos celulares no gânglio trigeminal e terminam como terminações nervosas livres nos tecidos periféricos. As terminações periféricas dessas fibras são ativadas por estímulos nociceptivos e são chamadas de **nociceptores**. Os nociceptores estão distribuídos em diferentes tipos de tecidos orofaciais, tais como a pele

Fisiologia Oral

da face, a mucosa oral, o ligamento periodontal, os vasos cranianos e meninges, as ATMs, os músculos mastigatórios, a polpa e a dentina.

As fibras aferentes primárias A-δ são mielinizadas e conduzem para o encéfalo (veja abaixo) os sinais nociceptivos associados à dor rápida, aguda e bem localizada, enquanto as fibras aferentes primárias C são amielinizadas e associadas à dor lenta, difusa e mal localizada. Outra diferença entre essas fibras é que as fibras aferentes primárias A-δ são sensíveis a estímulos térmicos e mecânicos intensos, enquanto as fibras aferentes primárias C nociceptivas são sensíveis também a agentes químicos, sendo classificadas, consequentemente, como nociceptores polimodais.

SENSIBILIZAÇÃO PERIFÉRICA

Os nociceptores podem manifestar um aumento da excitabilidade durante a inflamação por causa da liberação de vários mediadores inflamatórios, tais como adenosina trifosfato (ATP), bradicinina, citocinas (TNF, IL-6, IL-1 β, IL-8), aminas simpatomiméticas e prostaglandinas (PGE_2) (Fig. 3.1). A PGE_2 é sintetizada pela ação da enzima cicloxigenase sobre o ácido araquidônico, e o mecanismo de ação dos anti-inflamatórios é atribuído à inibição da síntese de PGE_2.

Neurotransmissores, como a substância P e o peptídeo relacionado com o gene da calcitonina (CGRP), que são sintetizados nos corpos celulares das fibras aferentes primárias e liberados perifericamente

LEMBRETE

Procedimentos dentários como a incisão e a drenagem de um abcesso ou uma pulpectomia podem reduzir a dor por meio da redução das concentrações de mediadores inflamatórios e, consequentemente, da pressão tecidual.

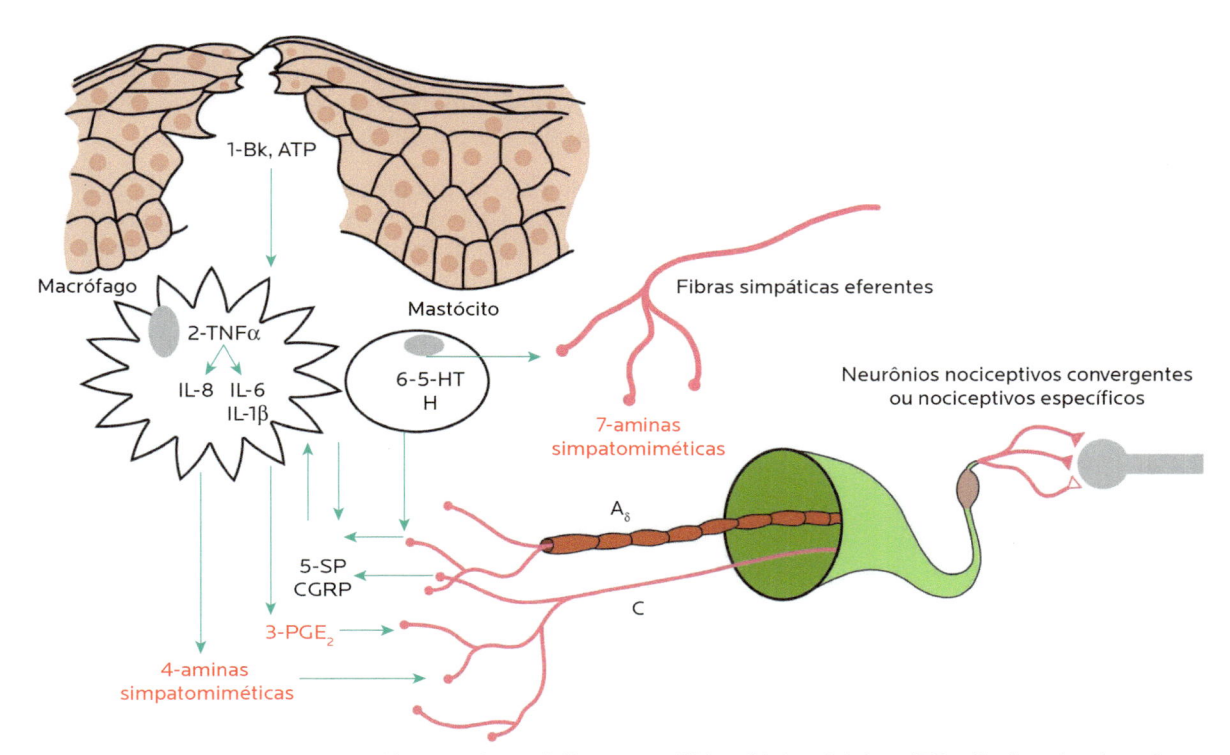

Figura 3.1 – Principais mecanismos subjacentes à sensibilização periférica. Bk, bradicinina; ATP, trifosfato de adenosina; TNFα, fator de necrose tumoral; IL-1β, interleucina 1β; IL6, interleucina 6; IL8, interleucina 8; PGE_2, prostaglandina E_2; SP, substância P; CGRP, peptídeo relacionado com o gene da calcitonina; 5-HT, serotonina; H, histamina.

por essas fibras, também podem aumentar a excitabilidade dos nociceptores. Esses neurotransmissores podem atuar sobre plaquetas, macrófagos, mastócitos e outras células do sistema imune, induzindo a liberação de outros mediadores inflamatórios como histamina, serotonina (5-HT), bradicininas e citocinas. Esse processo é denominado **inflamação neurogênica**, uma vez que é desencadeado por substâncias liberadas a partir das terminações de fibras aferentes nervosas. Os mediadores inflamatórios podem ativar diretamente o nociceptor, agindo sobre os seus respectivos receptores localizados no nociceptor, ou indiretamente, agindo sobre os seus receptores localizados nas células residentes, como os macrófagos e os mastócitos.

Há vários mediadores químicos, receptores e mecanismos intracelulares envolvidos nos mecanismos nociceptivos periféricos. Isso indica a existência de vários alvos potenciais para o desenvolvimento de medicamentos e abordagens terapêuticas mais eficazes de ação periférica para o controle da dor, sem os efeitos colaterais indesejáveis que caracterizam a maioria dos analgésicos de ação central atualmente disponíveis no mercado. Assim, estratégias terapêuticas que tenham como alvo múltiplos mecanismos são mais promissoras no tratamento da dor aguda e crônica do que medicamentos que têm como alvo um único mecanismo, a menos que a dor em questão seja mediada por processo químico no qual esse mecanismo em particular seja fundamental.

Os mediadores inflamatórios agem sobre os seus respectivos receptores produzindo alterações metabólicas no nociceptor, tais como o aumento de íons de Ca^{2+}, adenosina 3', 5'-monofosfato cíclico (AMP) e proteína cinase A e C (PKA e PKC) que aumentam a excitabilidade do nociceptor, o que caracteriza o processo conhecido como **sensibilização periférica**. Esse processo tem importantes implicações clínicas, pois contribui para os estados alterados de dor denominados de hiperalgesia e alodinia.

Ao contrário da hiperalgesia, a alodinia envolve uma mudança na qualidade da sensação, seja ela tátil, térmica ou de qualquer outro tipo. A modalidade original é normalmente não dolorosa, mas a resposta é dolorosa. Existe, portanto, uma perda de especificidade da modalidade sensorial. A alodinia mecânica normalmente ocorre em alguns estados de dor. Por exemplo, o teste de percussão de um dente suspeito avalia a possível presença de alodinia mecânica, e um teste positivo é interpretado como sinal de uma inflamação ativa na região perirradicular do dente suspeito. Da mesma forma, a palpação da musculatura orofacial durante a avaliação da dor de um paciente com disfunção temporomandibular é outro exemplo de avaliação de uma possível alodinia mecânica, mas, neste caso, nos músculos.

A ideia que prevalece hoje é a de que a hiperalgesia e a alodinia resultam da sensibilização dos nociceptores polimodais e dos nociceptores "silenciosos", os quais não respondem a estímulos nociceptivos até que haja uma resposta inflamatória no tecido circundante. Os nociceptores "silenciosos" respondem a estímulos tanto nocivos como não nocivos quando o tecido está inflamado. Os mediadores inflamatórios também podem difundir-se através dos tecidos periféricos e influenciar a excitabilidade dos nociceptores adjacentes, contribuindo, assim, para a difusão da dor.

Sensibilização periférica

Resposta aumentada e limiar nociceptivo reduzido das terminações aferentes nociceptivas à estimulação do seu campo receptivo (área da pele, mucosa ou tecido profundo, a partir do qual os seus receptores podem ser ativados por um estímulo).

Hiperalgesia

Dor aumentada desencadeada por um estímulo que normalmente provoca dor.

Alodinia

Dor desencadeada por um estímulo que normalmente não provoca dor.

> ### O ÓBVIO NÃO TÃO ÓBVIO
>
> Dois pacientes foram ao dentista. O primeiro deles acordou com uma dor de dente e tomou um forte anti-inflamatório/analgésico (dexametasona) antes de ir ao dentista. A dor de dente tinha desaparecido completamente com o anti-inflamatório, mas o dentista aplicou um anestésico local (lidocaína 2%) para restaurar um dente que tinha uma cavidade muito profunda.
>
> O segundo paciente não se queixou de dor de dente, nem tinha tomado qualquer medicação nas últimas 48 horas. O dentista também aplicou uma anestesia local (lidocaína a 2%) antes de restaurar um dente que tinha uma cavidade mais superficial. Por que o dentista não tratou o primeiro paciente sem anestesia, uma vez que ele estava sob a influência de anti-inflamatório/analgésico que removeu completamente sua dor? Porque a anestesia bloqueia a ocorrência da dor, enquanto os anti-inflamatórios bloqueiam apenas a sensibilização dos aferentes nociceptivos primários.

MECANISMOS NOCICEPTIVOS CENTRAIS

PROJEÇÃO DOS IMPULSOS AFERENTES E O PAPEL DO NÚCLEO DO TRATO ESPINAL DO TRIGÊMEO NO TRONCO CEREBRAL

A ativação dos nociceptores desencadeia impulsos nociceptivos que correspondem aos sinais nervosos conhecidos como potenciais de ação. As fibras aferentes nociceptivas orofaciais A-δ e C transmitem os impulsos nociceptivos ao SNC com informações discriminativas sensoriais referentes às qualidades espaciais e temporais do estímulo nociceptivo.

A intensidade e a duração do estímulo são codificadas pela frequência e pela duração dos impulsos nociceptivos das fibras aferentes nociceptivas, respectivamente. A localização do estímulo nociceptivo depende do campo receptivo periférico dessas fibras. Os impulsos nociceptivos chegam ao encéfalo, onde ocorre a percepção da dor e onde são desencadeadas as respostas comportamentais e autonômicas que caracterizam a dor.

Os sinais nociceptivos são transmitidos a partir dos terminais centrais dos aferentes nociceptivos pela liberação a partir desses terminais de neurotransmissores excitatórios, tais como glutamato, substância P, GCRP e ATP, que ativam os seus respectivos receptores nos neurônios nociceptivos localizados no núcleo do trato espinal do trigêmeo no tronco encefálico. O núcleo do trato espinal do trigêmeo contém três subnúcleos: oral, interpolar e caudal (Fig. 3.2).

Figura 3.2 – Via nociceptiva da face e da boca. As fibras aferentes nociceptivas primárias trigeminais têm seus corpos celulares no gânglio trigeminal e se projetam para os neurônios secundários no núcleo do trato espinal do trigêmeo, que é subdividido nos subnúcleos oral, interpolar e caudal. Esses neurônios podem se projetar para os neurônios do tálamo ou de regiões do tronco cerebral, tais como o núcleo motor dos nervos cranianos ou a formação reticular.

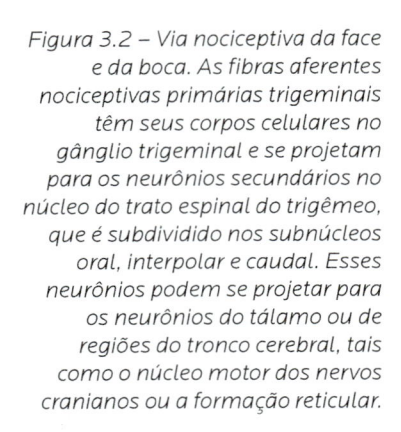

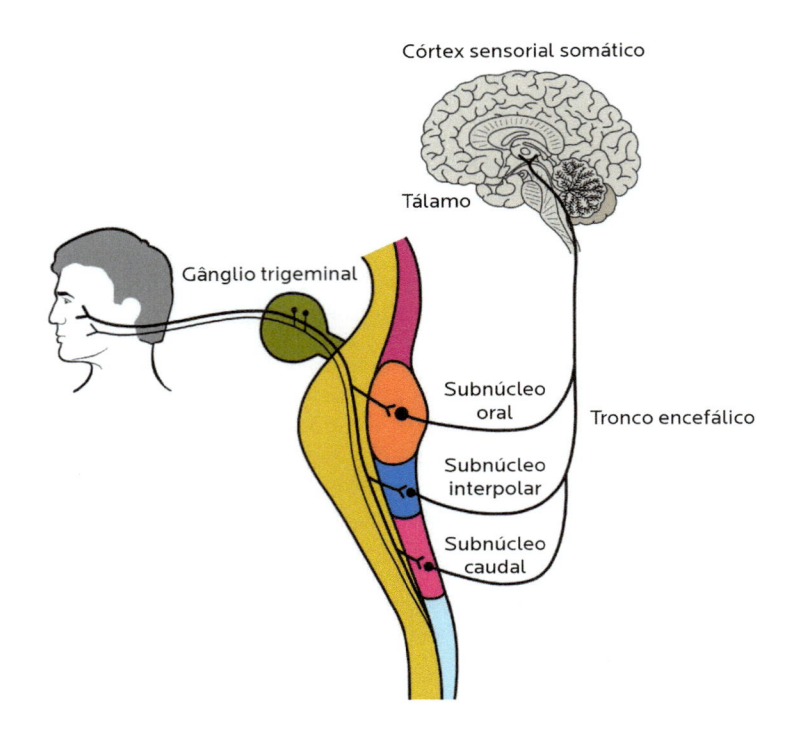

A maioria dos sinais nociceptivos trigeminais é conduzida para o subnúcleo caudal que se estende para a medula espinal cervical, onde se funde com a coluna dorsal da medula. Muitas das características estruturais e funcionais do subnúcleo caudal se assemelham às da coluna dorsal da medula espinal, que é uma região fundamental para a transmissão de sinais nociceptivos centrais provenientes de outras partes do corpo (p. ex., membros, tronco). Os neurônios nociceptivos no subnúcleo caudal são de dois tipos:

- neurônios convergentes, que respondem a estímulos não nociceptivos (p. ex., de toque), bem como aos estímulos nociceptivos aplicados em seu campo receptivo na região orofacial;
- neurônios nociceptivos específicos, que respondem exclusivamente a estímulos nociceptivos mecânicos e térmicos aplicados em seu campo receptivo.

Os subnúcleos oral e interpolar também recebem sinais nociceptivos e são importantes no processamento da dor orofacial, especialmente da dor perioral e intraoral.

CONVERGÊNCIA AFERENTE

Os neurônios nociceptivos no subnúcleo caudal recebem impulsos nociceptivos aferentes de tecidos craniofaciais superficiais ou profundos ou de ambos. Alguns desses neurônios nociceptivos aferentes recebem apenas impulsos nociceptivos provenientes de fibras aferentes nociceptivas de tecidos superficiais (p. ex., pele facial, mucosa oral) e transmitem essa informação a níveis mais elevados do enféfalo. Assim, eles são muito importantes na localização e na discriminação da dor superficial. Outros neurônios recebem impulsos nociceptivos aferentes não só de tecidos superficiais, mas também de diferentes tecidos profundos, como a polpa dentária, a ATM e os músculos.

Portanto, as condições dolorosas que envolvem os tecidos profundos são de difícil localização pelos pacientes quando comparadas com as provenientes de tecidos superficiais. Esse padrão de convergência de impulsos nociceptivos provenientes de diferentes tecidos profundos para neurônios nociceptivos cutâneos no subnúcleo caudal explica a má localização, a difusão da dor e a dor referida nos tecidos profundos, como a ATM e os músculos.

SENSIBILIZAÇÃO CENTRAL

Após uma lesão ou inflamação dos tecidos orofaciais, os impulsos nociceptivos conduzidos pelas fibras A-δ e C a partir dos tecidos periféricos podem resultar em uma liberação excessiva de substâncias neuroquímicas (p. ex., glutamato, substância P, ATP) e induzir uma cascata de eventos intracelulares em neurônios nociceptivos centrais, provocando o aumento de sua sensibilidade aos impulsos nociceptivos. Esse processo de hiperexcitabilidade é denominado sensibilização central e é definido como uma resposta aumentada dos neurônios nociceptivos do SNC a impulsos aferentes normais ou normalmente ineficazes (sublimiares). A sensibilização central pode levar a alterações neuroplásticas funcionais nos processos nociceptivos centrais, que contribuem para a dor crônica. Também pode resultar da ativação da glia no SNC e da disfunção dos sistemas endógenos de controle da dor.

A probabilidade de desenvolvimento de dor pós-operatória, alodinia ou hiperalgesia pode ser reduzida pela administração de uma anestesia local. Por exemplo, a administração pré-operatória de uma anestesia local de longa duração reduz a dor em pacientes submetidos a anestesia geral (quando necessário) para a remoção de terceiros molares inclusos. Considerando que os impulsos aferentes são muito importantes para a indução da sensibilização central, a redução desses impulsos para o SNC reduz o risco de desenvolvimento de sensibilização central.

A dor referida é um importante problema clínico no tratamento da dor aguda e crônica, uma vez que a dor é percebida em uma região que pode não ser a região a partir da qual ela se origina. Os mecanismos envolvidos na dor referida não são completamente compreendidos, mas parecem depender da convergência de impulsos nociceptivos aferentes para neurônios nociceptivos centrais provenientes do local de origem da dor e do local em que a dor é percebida. Podem estar relacionados também à neuroplasticidade assoaciada à sensibilização central que pode ser gerada nos neurônios centrais por esses impulsos em decorrência de lesão ou inflamação. A injeção de anestésicos locais pode ser utilizada como um teste clínico para ajudar a distinguir o local de origem da dor daquele em que a dor é percebida.

SAIBA MAIS

A sensibilização central pode explicar porque alguns pacientes com dor antes do tratamento endodôntico continuam a relatar dor mesmo após o tratamento, pois pode haver um estado hiperexcitável de processamento nociceptivo central.

LEMBRETE

A sensibilização periférica, associada à sensibilização central, contribui para a difusão da dor, hiperalgesia e alodinia por meio do aumento da excitabilidade e da diminuição do limiar de ativação dos aferentes nociceptivos.

PROJEÇÕES DO NÚCLEO DO TRATO ESPINAL DO TRIGÊMEO

A informação proveniente do núcleo do trato espinal do trigêmeo do tronco encefálico (p. ex., subnúcleo caudal) é retransmitida para regiões superiores do encéfalo, tais como o tálamo e o córtex, que estão associadas com as várias dimensões da sensação dolorosa. Essa informação nociceptiva se projeta direta ou indiretamente por meio da formação reticular para o complexo ventrobasal, o núcleo posterior e o núcleo medial do tálamo.

Essas regiões talâmicas também contêm neurônios nociceptivos específicos e neurônios nociceptivos convergentes. Muitos desses neurônios se projetam diretamente para o córtex cerebral sensorial somático, que também contém neurônios nociceptivos específicos e neurônios convergentes que contribuem para o componente sensório-discriminativo da dor. Outras regiões corticais, como a ínsula e o córtex cingulado anterior, também recebem essas projeções e estão envolvidas no processamento da dor, sendo especialmente importantes para o componente afetivo da dor.

Algumas fibras nociceptivas do núcleo do trato espinal do trigêmeo se projetam para núcleos motores de nervos cranianos e outras áreas do tronco encefálico, contribuindo para as respostas reflexas desencadeadas por estímulos nociceptivos orofaciais. Tais respostas incluem os reflexos autonômicos, que podem resultar em alterações na salivação, na respiração, na pressão arterial e na frequência cardíaca, e os reflexos musculares, como o reflexo de abertura bucal.

> **SAIBA MAIS**
>
> Trismo é a incapacidade de abrir a boca, normalmente devido a uma resposta reflexa que ocorre simultaneamente nos músculos mandibulares e maxilares envolvidos na abertura e fechamento bucal. As causas do trismo são diversas e ele pode ocorrer nas disfunções temporomandibulares, em decorrência da remoção de terceiros molares impactados, pericoronarite (inflamação do tecido mole ao redor terceiro molar impactado), etc.

MECANISMOS ENDÓGENOS DE SUPRESSÃO DE DOR

Além dos mecanismos envolvidos no aumento da dor, tais como sensibilização periférica e central, existem alguns mecanismos endógenos envolvidos na supressão da dor, que podem modular os aferentes nociceptivos primários, os neurônios do núcleo do trato espinal trigeminal e até mesmo neurônios de centros encefálicos superiores.

Os aferentes nociceptivos primários, por exemplo, expressam os receptores opioides, que podem ser ativados por peptídeos opioides endógenos liberados a partir de células imunes e de queratinócitos para induzir a analgesia opioide periférica. Esses receptores opioides periféricos são sintetizados no corpo dos neurônios aferentes, localizado no gânglio trigeminal, e são transportados ao longo de microtúbulos intra-axonais para os terminais nervosos centrais e periféricos dos aferentes primários, onde são incorporados à membrana neuronal para se tornarem receptores funcionais.

> **SAIBA MAIS**
>
> Muitos sistemas endógenos de modulação da dor também foram descritos no encéfalo. Alguns exemplos incluem o sistema descendente de modulação da dor, o controle inibitório nocivo difuso e controle nociceptivo ascendente.

A analgesia opioide periférica é especialmente eficaz em condições de inflamação. Por exemplo, a inflamação do tecido periférico aumenta a síntese e o transporte axonal de receptores opioides em neurônios trigeminais, resultando em um aumento da sua expressão neuronal. Além disso, a barreira perineural é rompida, o que facilita o acesso dos agonistas opioides aos seus receptores nos neurônios sensoriais. Este último evento contribui para um efeito antinociceptivo maior dos opioides periféricos durante os estágios iniciais de inflamação e ajuda a explicar esse efeito é mais difícil de se detectar em tecidos não inflamados.

O sistema de modulação descendente da dor envolve algumas regiões do encéfalo, entre elas, a região do mesencéfalo denominada substância cinzenta periaquedutal (PAG). Os neurônios da PAG enviam axônios descendentes até o bulbo rostral ventromedial, que inclui o núcleo magno da rafe, o núcleo magnocelular reticular e o núcleo paragigantocelular. Os neurônios do bulbo rostral ventromedial, por sua vez, se projetam para o núcleo do trato espinal do trigêmeo, onde liberam a serotonina que atua sobre interneurônios opioides, resultando na liberação endógena de opioide e na modulação da dor (Fig. 3.3).

Além dos neurônios serotoninérgicos do bulbo rostral ventromedial, neurônios noradrenérgicos localizados na ponte e no bulbo liberam noradrenalina, que também ativa interneurônios opioides, resultando na liberação endógena de opioides e na modulação da dor no núcleo do trato espinal do trigêmeo. Centros superiores do sistema nervoso que controlam o comportamento utilizam essas vias descendentes de modulação de dor para modular as respostas dos neurônios nociceptivos de acordo com o contexto comportamental e de atenção. Da mesma forma, o humor e as emoções podem modular a dor por meio das vias descendentes de modulação de dor.

O controle nociceptivo ascendente (CNA) e o controle inibitório nocivo difuso (DNIC) são sistemas de modulação de dor ativados por estímulos nociceptivos. São considerados sistemas de modulação nos quais a dor inibe a dor, ou seja, a resposta induzida por um estímulo nociceptivo é inibida por outro estímulo nociceptivo aplicado em uma região distante. Embora tanto o CNA como o DNIC sejam ativados por

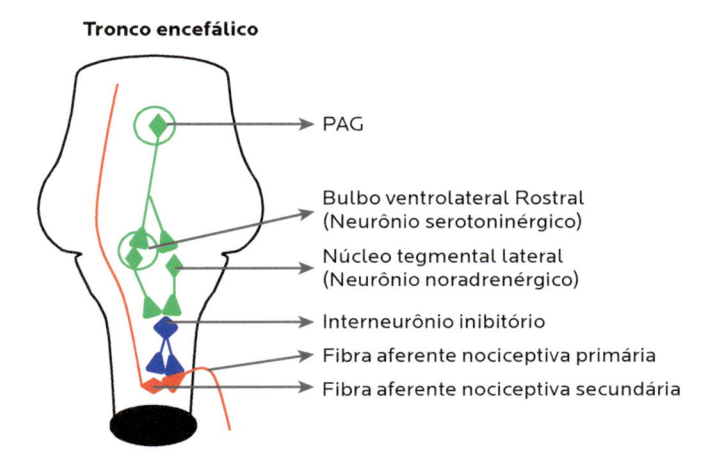

Figura 3.3 - Projeções neurais descendente que modulam a transmissão nociceptiva no núcleo do trato espinal do trigêmeo no tronco cerebral. A ativação da substância cinzenta periaquedutal por neurônios aferentes nociceptivos, e neurônios dos centros cerebrais superiores ativa os neurônios serotoninérgicos e noradrenérgicos no tronco encefálico. A liberação de serotonina e noradrenalina por estes neurônios ativa interneurônios inibitórios, resultando na liberação de opioides endógenos e na inibição da transmissão da dor.

SAIBA MAIS

A ativação das fibras que conduzem a informação tátil também pode modular a transmissão da dor no encéfalo mediante a liberação de opioides endógenos ou outras substâncias químicas capazes de reduzir a dor. A interação dos impulsos provenientes dessas fibras com os de fibras nociceptivas explica, pelo menos em parte, o efeito analgésico da estimulação elétrica transcutânea e da acupuntura, que são técnicas amplamente utilizadas para controlar a dor crônica.

estímulos nociceptivos, eles são mecanismos distintos. O CNA induz uma analgesia mais duradoura do que o DNIC e é ativado por um estímulo muito mais intenso do que o necessário para ativar o DNIC. Além disso, ao contrário do DNIC, o CNA é mediado por mecanismos no *nucleus accumbens*.

Muitos dos procedimentos utilizados para controlar a dor, como a acupuntura e alguns analgésicos, induzem analgesia atuando em sistemas endógenos de modulação da dor. Enquanto algumas síndromes de dor crônica podem resultar, pelo menos em parte, de disfunções nos sistemas endógenos de modulação da dor, as síndromes de dor crônica também podem comprometer a função normal dos sistemas endógenos de modulação da dor e comprometer a eficácia dos tratamentos cujo efeito analgésico é mediado por esses sistemas.

CONDIÇÕES DOLOROSAS DE RELEVÂNCIA PARA A ODONTOLOGIA

A região orofacial manifesta condições dolorosas de particular relevância para a odontologia, as quais serão abordadas a seguir.

DOR NA ARTICULAÇÃO TEMPOROMANDIBULAR E NOS MÚSCULOS DA MASTIGAÇÃO

A ATM e os músculos da mastigação desempenham um importante papel na manutenção da homeostase fisiológica por meio da mastigação. No entanto, essas estruturas podem ser afetadas por condições dolorosas crônicas conhecidas como disfunções temporomandibulares. A dor crônica associada às disfunções temporomandibulares é frequentemente mal localizada e acompanhada de dor referida nas regiões oral, craniana, facial e cervical adjacentes. A limitação dolorosa do movimento mandibular que frequentemente acompanha a disfunção temporomandibular resulta de um reflexo neuromuscular que protege os tecidos articulares e/ou musculares de danos adicionais.

Os mecanismos neurobiológicos subjacentes às disfunções temporomandibulares são ainda pouco compreendidos, mas tanto os mecanismos periféricos como os centrais podem contribuir para essa condição dolorosa.

Os **mecanismos periféricos** resultam da ativação e/ou sensibilização dos nociceptores por muitas substâncias químicas liberadas em resposta a uma lesão tecidual ou inflamação resultante de um trauma ou de uma carga excessiva na ATM e possivelmente de isquemia muscular em resposta ao apertamento dental. As substâncias químicas incluem serotonina, glutamato, ATP, substância P, aminas simpatomiméticas (p.ex., noradrenalina, dopamina) e

PGE_2, que atuam em seus respectivos receptores. Tais receptores podem estar localizados em células residentes (p. ex., macrófagos, mastócitos) e/ou nos nociceptores localizados na cápsula articular, na membrana sinovial e no disco articular da ATM e nos músculos da mastigação. A dor articular e muscular persistente pode levar a sensibilização central.

A sensibilização periférica, associada à sensibilização central, contribui para o desenvolvimento de hiperalgesia, alodinia, dor referida e difusão da dor, que frequentemente acompanham as disfunções temporomandibulares. Outros fatores que podem contribuir para o desenvolvimento da dor associada à disfunção temporomandibular são estresse psicossocial, predisposição genética e alterações nos mecanismos endógenos de modulação da dor.

A prevalência, a gravidade e a duração da disfunção temporomandibular em mulheres é maior do que nos homens, o que sugere que os hormônios sexuais também podem influenciar essas condições dolorosas. Embora esse padrão de prevalência em mulheres possa ser uma consequência da flutuação hormonal durante o ciclo reprodutivo feminino, a testosterona parece diminuir o risco de desenvolvimento da dor associada às disfunções temporomandibulares no sexo masculino.

A comorbidade e a maior prevalência da enxaqueca e da dor associadas às disfunções temporomandibulares em mulheres sugere que essas condições dolorosas possam ter um tratamento em comum, isto é, a prevenção e o tratamento da enxaqueca podem contribuir para o tratamento da dor associada às disfunções temporomandibulares, e vice-versa. Por exemplo, os β-bloqueadores são amplamente utilizados na profilaxia da enxaqueca, e recentemente tem sido demonstrado que eles também reduzem a dor associada à disfunção temporomandibular, especialmente em mulheres.

> **LEMBRETE**
>
> As disfunções temporomandibulares também são frequentemente acompanhadas por enxaqueca e limitação dos movimentos mandibulares. A prevalência da enxaqueca também é maior em mulheres do que em homens.

HIPERSENSIBILIDADE DENTINÁRIA

A hipersensibilidade dentinária pode ser definida como uma dor aguda e de curta duração em um ou mais dentes com dentina exposta em resposta a estímulos químicos, térmicos e mecânicos. A dentina pode ser exposta ao ambiente externo em decorrência da perda de esmalte ou cemento devido a processos de erosão e abrasão. Sua prevalência indica que 8 a 30% da população adulta entre 20 e 30 anos é a mais afetada, provavelmente em razão das alterações pulpares que ocorrem com o avanço da idade, particularmente a esclerose dentinária e a formação de dentina secundária.

A polpa dentária é ricamente inervada por fibras mielinizadas A-δ e A-β e fibras amielinizadas C que penetram o canal radicular pela porção apical e terminam, principalmente, na camada de odontoblastos coronal, na pré-dentina e na dentina interna, formando uma grande e densa rede de delgadas fibras nervosas na extremidade dentino-pulpar. Nessa região, um único neurônio sensorial pode inervar inúmeros túbulos dentinários, tornando a região de cornos pulpares altamente inervada e sensível a qualquer estímulo externo.

De acordo com a teoria hidrodinâmica, estímulos que causam o movimento de fluido no interior dos túbulos dentinários podem estimular mecanicamente as fibras nervosas nociceptivas intradentais. As fibras A-δ encontram-se na região dos cornos pulpares e na periferia da polpa e parecem ser as fibras responsáveis pela hipersensibilidade dentinária. As fibras C encontram-se na parte mais interna e central da polpa e têm um papel predominante na codificação da dor inflamatória proveniente da polpa dentária. Elas são ativadas pela estimulação mecânica da polpa e por mediadores inflamatórios liberados durante a inflamação. Aparentemente, essas fibras não respondem aos mecanismos hidrodinâmicos, mas têm uma grande importância nos processos inflamatórios e contribuem para a hipersensibilidade dentinária por meio da liberação de neuropeptídeos.

> **SAIBA MAIS**
>
> As formulações que contêm sais de potássio (p. ex., cloreto, nitrato, citrato, oxalato) são amplamente utilizadas para o tratamento da hipersensibilidade dentinária. A elevada concentração de íons de potássio liberado se difunde ao longo dos túbulos dentinários e diminui a excitabilidade das fibras nociceptivas intradentais. Essa diminuição da excitabilidade é a base para a adição de íons de potássio nos dentifrícios.

A hipersensibilidade dentinária está diretamente relacionada com a presença, o tamanho e a desobstrução dos túbulos dentinários abertos. Substâncias como os ácidos que removem tecido mineralizado e expõem os túbulos dentinários na superfície dental aumentam as respostas pulpares a estímulos externos, enquanto a colocação de resina ou adesivos tende a eliminar a hipersensibilidade dentinária por meio da obliteração dos túbulos dentinários.

Pacientes que apresentam dentina exposta podem ser assintomáticos em razão da formação de dentina secundária irregular na porção coronal da polpa. A dentina secundária reduz a permeabilidade dos túbulos dentinários e o fluxo do fluido dentinário e, consequentemente, a hipersensibilidade dentinária, uma vez que os túbulos dentinários da dentina secundária não são contínuos aos da dentina primária.

A liberação de mediadores inflamatórios durante a inflamação pulpar pode predispor um dente à hipersensibilidade dentinária por meio do aumento da excitabilidade das fibras nociceptivas e da área de inervação dos túbulos dentinários. Apesar disso, as características da dor de uma pulpite diferem das de hipersensibilidade dentinária. A dor de uma pulpite é intermitente e de difícil localização comparada com a da hipersensibilidade dentinária.

DOR NEUROPÁTICA OROFACIAL

A dor neuropática é causada por lesão ou doença do sistema nervoso sensorial somático. A lesão traumática dos ramos do nervo trigêmeo pode provocar dor neuropática orofacial. Extração dental ou tratamento de canal que envolve desaferentação do suprimento nervoso da polpa dental pode levar ao desenvolvimento de dor neuropática orofacial, assim como a inserção de implante dental e outros procedimentos cirúrgicos que oferecem risco de ocorrência de lesões no nervo trigêmeo.

As anestesias odontológicas também oferecem risco, embora pequeno, resultante de possível lesão causada pela agulha, formação de hematoma ou neurotoxicidade do anestésico local. A etiologia e a fisiopatologia da dor neuropática orofacial parecem envolver mecanismos semelhantes àqueles relacionados com a lesão de nervos em outras regiões do corpo. A alodinia e a hiperalgesia também podem ocorrer na dor neuropática. Durante a dor neuropática, algumas fibras que normalmente respondem apenas a estímulos táteis tornam-se sensíveis a estímulos nociceptivos, de modo que estímulos inócuos são percebidos como dolorosos.

Muitos tipos de dor neuropática ou estados dolorosos que se assemelham à dor neuropática afetam a região orofacial. Além das neuropatias trigeminais traumáticas, a neuralgia trigeminal idiopática e a síndrome da ardência bucal são as mais comuns

A **neuralgia trigeminal idiopática**, ou tique doloroso, é um tipo de dor neuropática que ocorre na região orofacial e é específica da região trigeminal. Consiste em uma condição neuropática extremamente dolorosa que ocorre em um dos lados da face na distribuição dos ramos maxilar ou mandibular do nervo trigêmeo. Curiosamente, as crises de dor não são desencadeadas por estímulos dolorosos, e sim por estímulos táteis, e duram por um curto período de tempo (de 15 a 60 segundos), sendo seguidas de um período refratário de alguns minutos. Infelizmente, sua etiologia é incerta. Embora possa ocorrer em resposta à compressão do nervo trigeminal por pequenos vasos sanguíneos, as características da dor sugerem a presença de alteração em mecanismos nervosos centrais. Felizmente não são muitas as pessoas que sofrem desse tipo de dor.

A **síndrome da ardência bucal**, também conhecida como glossodinia ou estomatodinia, é uma condição dolorosa pouco compreendida que se assemelha à dor neuropática e é mais prevalente em mulheres pós-menopáusicas. Caracteriza-se por uma sensação de queimação na mucosa intraoral que inicia espontaneamente e dura de meses a anos. Não há uma causa odontológica ou médica evidente para a síndrome da ardência bucal, e a maioria dos tratamentos é ineficaz.

Alterações neurais centrais associadas a ansiedade, depressão, consciência somática e transtornos de personalidade podem acompanhar a síndrome da ardência bucal. Para a maioria dos pacientes, essas alterações não causam a dor, mas resultam do fato de o paciente apresentar uma condição dolorosa constante de causa desconhecida e para a qual não há tratamento eficaz. Embora a etiologia e a patofisiologia da síndrome da ardência bucal sejam desconhecidas, suas características sugerem disfunção nos tecidos periféricos intrabucais ou no sistema nervoso central.

CONSIDERAÇÕES FINAIS

Algumas das condições mais comuns de dor aguda e crônica ocorrem na face e na boca (p. ex., dores de dentes, dores de cabeça, disfunções temporomandibulares). Infelizmente, a maioria dos dentistas não recebeu uma boa base educacional sobre mecanismos da dor, diagnóstico e terapia durante sua graduação, apesar da existência, há muitos anos, de diretrizes pedagógicas apropriadas. Esse fato, associado à complexidade da experiência da dor, dificulta a realização de um diagnóstico preciso e de um tratamento adequado das condições dolorosas da região orofacial, especialmente das condições dolorosas crônicas. Portanto, é fundamental que os estudantes de odontologia obtenham conhecimentos sobre os conceitos gerais de dor e sobre as especificiadades da dor orofacial e que os profissionais busquem esses conhecimentos e se atualizem para quem possam incorporá-los em sua prática clínica.

Fisiologia da gustação

CLÁUDIA HERRERA TAMBELI
ELAYNE VIEIRA DIAS

Nosso organismo está em contínuo contato com as moléculas liberadas no ambiente em que vivemos. Por meio dos sentidos químicos, essas moléculas nos fornecem importantes informações que utilizamos constantemente em nossa vida diária. Elas sinalizam prazer ou perigo, a presença de algo para buscar ou evitar. As vias sensoriais, de uma forma geral, nos mantêm informados do ambiente externo e apresentam conexões com circuitos neurais responsáveis pelas emoções e por certas memórias.

A gustação é o sentido químico responsável pelo reconhecimento de substâncias que se apresentam ao nosso organismo pela cavidade oral. Essa modalidade sensorial conduz o organismo a identificar e consumir alguns nutrientes e evitar a ingestão de outros e pode ter sido crucial para a sobrevivência dos primeiros seres humanos. É um sistema complexo com diferentes processos que se iniciam principalmente na cavidade oral, onde a língua tem um papel muito importante. Uma vez na boca, os constituintes químicos dos alimentos entram em contato com receptores sensoriais responsáveis pela transdução de sinais, e, a partir disso, são geradas informações sobre identidade, concentração e qualidade agradável ou desagradável das substâncias.

ASPECTOS GERAIS

As principais submodalidades da gustação são doce, salgado, azedo, amargo e umami (Quadro 4.1). Essas submodalidades são percebidas pelo cérebro a partir de receptores gustativos presentes na língua, na mucosa do palato, na faringe, laringe, na epiglote e no terço superior do esôfago. As informações detectadas pelos receptores gustativos são transmitidas ao cérebro e permitem a atribuição dos sabores às diferentes substâncias químicas presentes nos alimentos. Além disso, os circuitos cerebrais responsáveis pelo aprendizado, pela memória e pelas emoções determinam diferentes comportamentos diante de cada alimento ou substância presente nos alimentos.

SAIBA MAIS

Não ingerimos os alimentos apenas por seu valor nutricional, e a gustação depende também de fatores culturais e mesmo individuais. Um recém-nascido, por exemplo, naturalmente rejeita substâncias amargas, mas, ao longo da vida, pode adquirir preferência por esse sabor em alimentos e bebidas.

QUADRO 4.1 – Submodalidades gustativas

Apetitivas	Doce	Detecção de açúcares
	Salgado	Detecção de Sódio (Na$^+$)
	Umami	Detecção de L-aminoácidos
Aversivas	Azedo	Detecção da acidez de frutas e de alimentos estragados
	Amargo	Detecção de alcaloides e outras substâncias potencialmente tóxicas

SAIBA MAIS

A gustação é uma sensação que está presente bem antes do nascimento. Papilas gustativas aparentemente funcionais são encontradas no feto, uma vez que os nervos gustativos e os neurônios da gustação estão presentes no tronco encefálico. A gustação fetal está relacionada à necessidade do feto de monitorar o ambiente amniótico. O feto apresenta fenômenos (como a abertura e fechamento da boca) que parecem estar associados à gustação, à sucção e à deglutição. A deglutição do líquido amniótico leva à ingestão de fatores de crescimento que irão favorecer o desenvolvimento e amadurecimento do epitélio da mucosa digestiva.

Pode-se dizer que o sabor doce e o umami evoluíram como "sensores energéticos" para reconhecer as fontes de energia de carboidratos e proteínas, enquanto o sabor amargo evoluiu como uma advertência contra a ingestão de toxinas.

A **língua** é considerada o órgão da gustação, apresentando a maior parte dos receptores gustativos presentes na cavidade oral. A superfície dorsal da língua contém receptores para todas as submodalidades gustativas, mas ocorre uma variação no limiar de ativação desses receptores em diferentes regiões. Por exemplo, na região anterior, o limiar dos receptores para doce, salgado e umami é menor (maior sensibilidade) em relação ao das outras submodalidades; já a região posterior apresenta receptores com menor limiar (maior sensibilidade) para o amargo. A região lateral da língua, por sua vez, apresenta receptores com maior sensibilidade para o azedo. É interessante observar que o limiar para amargo é mais baixo (maior sensibilidade) do que os limiares para doce e salgado. Substâncias amargas podem, portanto, ser detectadas em baixas concentrações. Esse fato tem um valor adaptativo, já que muitas substâncias amargas são tóxicas para o ser humano.

MECANISMOS NEURAIS AFERENTES PRIMÁRIOS

Os receptores periféricos da gustação são os **botões gustativos**, também chamados de receptores ou corpúsculos gustativos, responsáveis pela transformação do estímulo químico em sinais elétricos que serão transmitidos para o cérebro por meio das fibras nervosas aferentes. Esses corpúsculos gustativos são constituídos por 50 a 100 células epiteliais alongadas e polarizadas e estão localizados na mucosa do palato, faringe, na laringe, na epiglote, no terço superior do esôfago e principalmente nas papilas gustativas da língua. Existem três tipos de papilas gustativas: circunvaladas, foliadas e fungiformes (Fig. 4.1).

- Papilas circunvaladas: são estruturas circulares circundadas por uma fossa na qual se encontram os botões gustativos. São maiores do que as papilas fungiformes e foliadas, e formam o limite em formato de V ("V" lingual) entre os dois terços anteriores e o terço posterior da língua.

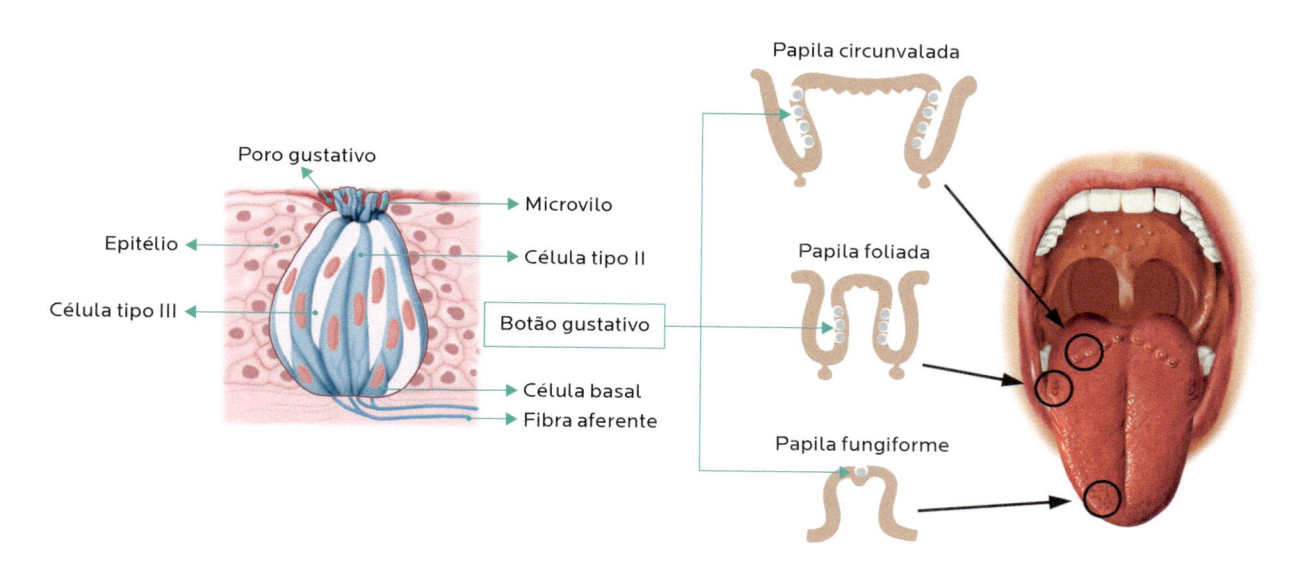

Figura 4.1 – Botão gustativo, papilas gustativas e sua distribuição na língua.

- Papilas foliadas: assemelham-se a folhas e estão presentes nas bordas laterais posteriores da língua. Apresentam pregas laterais nas quais se localizam os botões gustativos.
- Papilas fungiformes: assemelham-se a pequenos cogumelos e estão presentes em grande quantidade nos dois terços anteriores da língua, sendo que a maior densidade ocorre na ponta da língua. São densamente vascularizadas, apresentando-se como pontos vermelhos na superfície da língua. Os botões gustativos se dispõem em sua superfície apical.

As glândulas salivares menores drenam nas fossas das papilas circunvaladas e nas pregas das papilas foliadas. Cada botão gustativo (Figs. 4.1 e 4.2) é uma estrutura esférica que tem a forma semelhante a uma cebola levemente achatada nos polos e com camadas celulares concêntricas. Em um dos polos há uma abertura chamada poro gustativo, por onde passam pequenos filamentos, os microvilos, que se estendem a partir da superfície apical de cada célula para o exterior, ficando em contato direto com fluidos da cavidade oral. Assim, as células epiteliais do botão gustativo ficam expostas a flutuações de tonicidade e osmolaridade do meio bucal. Os botões gustativos são constituídos por células do tipo I, II, III e por células basais (também chamadas de células tipo IV), descritas a seguir.

As **células do tipo I** são as mais abundantes nos botões gustativos. Fornecem suporte estrutural e trófico para as células receptoras primárias (tipo II), além de estarem envolvidas na transmissão sináptica (degradam ATP liberado pelas células tipo II) e, possivelmente na homeostase do potássio (K^+) no botão gustativo. Possuem ações semelhantes às desempenhadas pelas células gliais no SNC. Além disso, expressam canais epiteliais de Na^+, podendo estar envolvidas na transdução do sabor salgado.

As **células do tipo II**, também chamadas células receptoras, apresentam receptores para compostos doce, amargo e umami, mas não parecem ser diretamente estimuladas por salgado e azedo. Essas células expressam canais de sódio (Na^+) e potássio (K^+) sensíveis à

Célula tipo I
Célula de suporte
Salgado

Célula tipo II
Célula receptora
Doce
Amargo
Umami

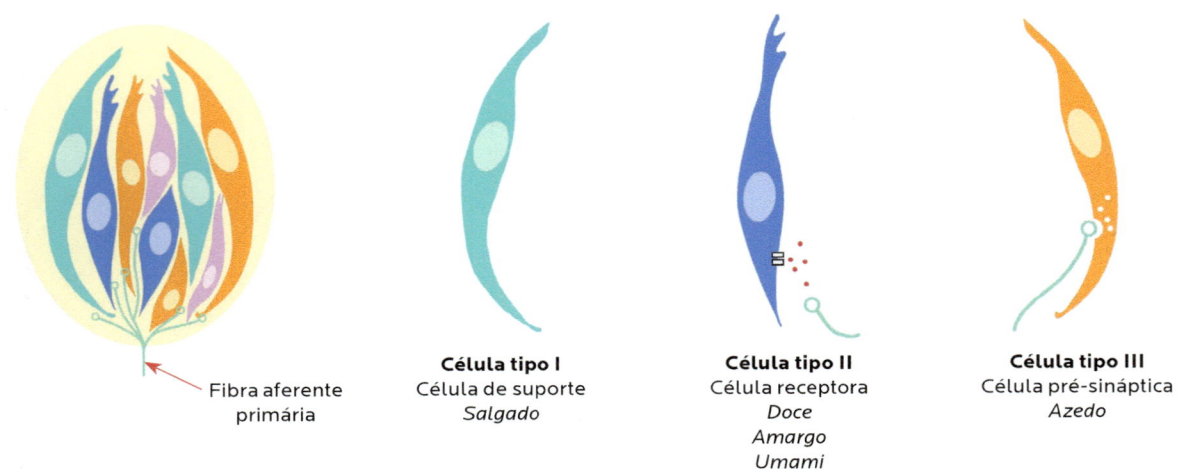

Célula tipo III
Célula pré-sináptica
Azedo

Fibra aferente primária

Figura 4.2 – Botão gustativo e as células do tipo I, II e III.

voltagem, essenciais para a geração de potenciais de ação. Curiosamente, as células receptoras não apresentam especializações pré-sinápticas nem canais de cálcio (Ca^{++}) sensíveis à voltagem, apesar de estarem intimamente associadas às terminações nervosas aferentes. Esse fato sugere que a transmissão de sinais entre essas células e as fibras aferentes primárias ou outras células do botão gustativo se dá por mecanismos não convencionais, sem o envolvimento de vesículas sinápticas. Pesquisas recentes mostram que as células do tipo II liberam ATP como transmissor, que ativa os receptores purinérgicos P2X nas fibras aferentes e P2Y nas células gustativas adjacentes.

As **células do tipo III** expressam proteínas associadas à sinapse e formam junções sinápticas com a terminação nervosa. Além disso, contêm e liberam neurotransmissores como serotonina, noradrenalina e, possivelmente, GABA. Por essa razão, têm sido consideradas células pré-sinápticas. A serotonina parece modular a liberação de ATP pelas células do tipo II. Como as células receptoras, essas células também são excitáveis, expressando canais de Na^+ e K^+ sensíveis à voltagem. Além disso, as células do tipo III respondem diretamente a estímulos azedos e soluções carbonatadas, sendo presumivelmente responsáveis por sinalizar essas sensações. Essas células também respondem ao ATP liberado pelas células do tipo II.

As células basais são esféricas e estão localizadas na base do botão gustativo. Essas células são transicionais e podem se diferenciar em novas células receptoras.

A ativação das células gustativas ocorre a partir da geração de sinais originados nos botões gustativos por compostos dissolvidos na saliva que entram em contato com os microvilos das células epiteliais. Desse modo, fica evidente a importância da saliva para que a gustação possa ocorrer de forma eficiente.

Os microvilos das células gustativas apresentam receptores acoplados à proteína G ou canais iônicos. Os compostos doce, amargo e umami ativam diferentes receptores acoplados à proteína G, que são expressos em discretos grupos de células do tipo II. Duas famílias desses receptores metabotrópicos, T1R e T2R, são expressas nos

O PAPEL DA SALIVA NA GUSTAÇÃO

A saliva é o produto da secreção de três pares de glândulas salivares maiores (parótidas, submandibulares e sublinguais) e de centenas de glândulas salivares menores distribuídas por toda a mucosa oral – na língua (glândulas de von Ebner, encontradas nas fossas das papilas circunvaladas e nas pregas das papilas foliadas) e na mucosa bucal (lábios, bochechas e palato). Seus principais constituintes inorgânicos são sódio (Na^+), cloro (Cl^-), bicarbonato (HCO_3^-) e potássio (K^+) e, em menor concentração, cálcio (Ca^{++}), magnésio (Mg^{++}) e fosfato. Seus constituintes orgânicos envolvem proteínas (mucina), enzimas (amilase, lipase, peroxidase, lisozima) e imunoglobulinas (IgA, IgG).

Em condições normais, uma pequena quantidade de saliva é continuamente secretada e banha a superfície das cavidades oral e faríngea, sendo importante para a manutenção da saúde oral. Antes, durante e após a alimentação, profusa secreção salivar é induzida reflexamente pelo sistema nervoso vegetativo. Essa salivação reflexa ocorre pela estimulação de várias vias sensoriais (visual, olfativa e até mesmo auditiva) relacionadas à refeição.

A saliva é o principal fluido componente do meio externo aos receptores gustativos. No processo inicial da gustação, ela funciona como um veículo pelo qual o estímulo químico (compostos constituintes dos alimentos e bebidas) é dissolvido e difundido até os receptores. A razão de dissolução das substâncias na saliva difere dependendo das propriedades físicas do alimento: substâncias em solução aquosa são mais prontamente diluídas que substâncias sólidas. Durante esse processo, alguns constituintes salivares interagem quimicamente com as substâncias presentes na cavidade bucal. Exemplos disso são os tampões salivares (íons bicarbonato), que diminuem a concentração de íons hidrogênio livres (H^+ dos ácidos), e algumas proteínas que podem se ligar a substâncias amargas.

Outro efeito da saliva sobre a transdução gustativa é que alguns de seus constituintes podem estimular continuamente o receptor, levando a uma alteração na sensibilidade gustativa. Por exemplo, o limiar para detecção de sal (NaCl) está levemente acima das concentrações salivares de sódio (Na^+) que estimulam constantemente os receptores. Esse efeito protege os receptores de atrofia por desuso. Além disso, a saliva protege os receptores contra ressecamento, lesões mecânicas (efeito lubrificante) e infecções (ação antimicrobiana graças à presença de imunoglobulina A e enzimas como lisozima e peroxidase).

A saliva pode, portanto, afetar a sensibilidade gustativa de várias formas, como pela difusão das substâncias, pela interação química com compostos contidos nos alimentos, pela estimulação dos receptores gustativos e pela proteção desses receptores. Esses vários efeitos são exercidos pelos muitos constituintes orgânicos e inorgânicos da saliva que variam consideravelmente de indivíduo para indivíduo. Além disso, as concentrações dos constituintes salivares de diferentes indivíduos e no mesmo indivíduo, em diferentes circunstâncias, podem variar. Os receptores gustativos humanos são capazes de uma adaptação rápida e completa, de modo que a sensibilidade gustativa seja facilmente afetada por alterações no meio extrarreceptor mantido pela saliva.

> A secreção de saliva pode estar alterada em algumas condições patológicas, pela própria patologia ou, mais comumente, pela utilização de medicamentos que levam à alteração do fluxo salivar. A hipossalivação é uma condição frequentemente encontrada na clínica odontológica. A redução do fluxo salivar (xerostomia) reduz a sensibilidade gustativa e em alguns casos leva à atrofia dos botões gustativos, o que reforça a ideia de uma ação trófica da saliva sobre esses receptores.

SAIBA MAIS

Substâncias ácidas provocam uma secreção salivar intensa para a diluição do composto ácido. Isso pode ser observado na clínica odontológica durante a utilização de materiais ácidos, como, durante a aplicação tópica de flúor acidulado.

LEMBRETE

As fibras aferentes primárias não só transmitem a informação sensorial dos botões gustativos para o cérebro como também parecem desempenhar um papel trófico, sendo essenciais no próprio desenvolvimento e regeneração das células epiteliais dos botões gustativos.

SAIBA MAIS

Algumas sensações somatossensoriais, como o frio do mentol e o calor da pimenta, são comumente confundidas com gustação. Isso ocorre porque a capsaicina (princípio ativo da pimenta) e o mentol estimulam canais iônicos (TRPV1 e TRPM8, respectivamente) em fibras somatossensoriais do nervo trigêmeo, o que pode levar a interações com os sinais dos botões gustativos e à consequente modulação da gustação.

microvilos do polo apical das células gustativas. Células que expressam T1R medeiam estímulos atrativos, como o doce e o umami, enquanto células que expressam T2R são ativadas pelo estímulo aversivo, amargo. A família das proteínas T1R detecta doce e umami pela combinação diferencial de três membros: T1R1, T1R2 e T1R3. Dímeros de T1R2 e T1R3, e possivelmente homodímeros de T1R3, atuam como sensores de doce, enquanto dímeros T1R1/T1R3 são seletivos para umami.

Os receptores para amargo, a família T2R, são ativados por substâncias tóxicas e não tóxicas geralmente presentes em plantas. Os receptores T2R, diferentemente da família T1R, não formam dímeros. Células que detectam o amargo expressam múltiplos T2R, sendo capazes de responder a uma série de substâncias amargas. Tanto os receptores T1R quanto os T2R iniciam a cascata de sinalização pela ativação da fosfolipase C, processo mediado pela gustducina (subunidade da proteína G) e que leva à liberação de IP3 (trifosfato inositol) e cálcio (Ca^{++}) do estoque intracelular. O canal de transdução dessa via é o TRPM5, um canal seletivo para cátions monovalentes, ativado pelo Ca^{++}. Esses eventos levam à despolarização da célula, ao disparo do potencial de ação e à liberação de ATP como transmissor. Estudos recentes sugerem que pode existir uma via de transdução independente de TRPM5 na mediação de doce e umami, ainda não identificada (Fig. 4.3).

Para detectar o azedo, existe uma subpopulação de células gustativas com específica sensibilidade ao pH. Tal propriedade pode surgir da expressão específica de canais iônicos sensíveis a prótons ou a uma reduzida capacidade tampão do citosol dessas células. A mais convincente evidência para um sensor específico para H^+ nas células gustativas vem dos estudos de um canal iônico da família TRP, TRPP3 (ou PKD1L3). No entanto, detalhes do processo de transdução do sinal nessas células ainda não estão claros (Fig. 4.3).

A detecção da submodalidade salgado ocorre via canais catiônicos que conduzem Na^+ ou K^+ da superfície da língua para dentro das células responsivas ao estímulo salgado. Possivelmente esses canais sejam canais epiteliais de Na^+ sensíveis à amilorida (ENaC), e o mecanismo de transdução envolvido ainda não é bem compreendido. É possível que exista também uma via independente dos canais sensíveis à amilorida (Fig. 4.3).

Cada célula gustativa é inervada em sua base por um ramo periférico de uma fibra aferente primária à qual transmite a informação do sinal processado. Essa comunicação se dá via transmissores químicos, na forma de sinapse química convencional

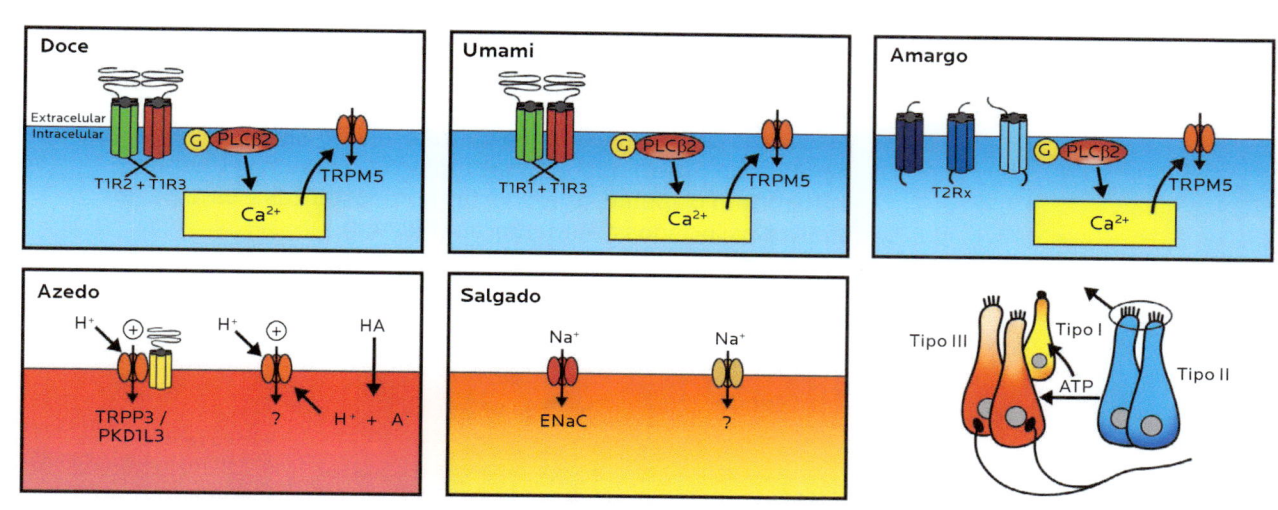

Figura 4.3 – Mecanismo de transdução de sinais nas diferentes células gustativas. Os gostos doce, umami e amargo são mediados por receptores metabotrópicos presentes nas células do tipo II (azul). O azedo é mediado pelos canais iônicos TRPP3 das células do tipo III (vermelho), e o salgado, pelos canais epiteliais de sódio localizados nas células do tipo I (amarelo). Figuras gentilmente cedidas pelo Prof. StephanFrings, Universidade de Heidelberg, Alemanha.

ou não convencional, sendo que o ATP é um provável transmissor. Cada ramo da fibra primária pode inervar muitas papilas e, dentro de cada botão gustativo, muitas células receptoras, formando seus campos receptivos.

As fibras aferentes primárias se dirigem para o SNC por meio dos nervos cranianos: **facial** (VII), **glossofaríngeo** (IX) e **vago** (X). Na língua, os botões gustativos dos dois terços anteriores são inervados pelo nervo corda do tímpano, um ramo do nervo facial. Já os botões gustativos do terço posterior são inervados por fibras sensitivas do ramo lingual do nervo glossofaríngeo. A inervação dos botões gustativos do palato é feita pelo nervo petroso maior superficial, outro ramo do nervo facial, enquanto aqueles do esôfago e da epiglote recebem fibras do ramo laríngeo superior do nervo vago. Existem terminações nervosas livres no exterior do botão gustativo que estão a cargo do nervo trigêmeo, cuja função é veicular informações somatossensoriais relacionadas à temperatura, à textura e à dor.

RESUMINDO

Em sentido estrito, a gustação é a modalidade sensorial gerada por substâncias químicas que ativam os receptores gustativos, possibilitando a transmissão de sinais para regiões específicas do tronco encefálico por meio de fibras sensitivas dos nervos facial, glossofaríngeo e vago.

VIAS CENTRAIS DA GUSTAÇÃO

As fibras aferentes dos nervos gustativos são neurônios pseudounipolares que têm os corpos celulares localizados nos respectivos gânglios dos nervos cranianos facial, glossofaríngeo e vago. A partir dos gânglios, os axônios centrais dos neurônios sensoriais primários se projetam para o núcleo do trato solitário, no bulbo, região chamada núcleo gustativo do trato solitário, fazendo sinapse com os neurônios de segunda ordem. Esses neurônios de segunda ordem se projetam para o tálamo, onde terminam no núcleo ventral posterior medial. Esse núcleo, por meio dos neurônios de terceira ordem, se projeta para muitas regiões do córtex, incluindo a ínsula anterior no lobo temporal e o opérculo do lobo frontal.

Há também uma área gustativa secundária no córtex orbitofrontal, na qual neurônios respondem a combinações de estímulos visuais, somatossensoriais, olfativos e gustativos. Finalmente, projeções recíprocas conectam o núcleo do trato solitário, via ponte, ao hipotálamo e à amígdala. Essas projeções presumivelmente influenciam o apetite, as respostas homeostáticas e os aspectos afetivos associados à alimentação (Fig. 4.4).

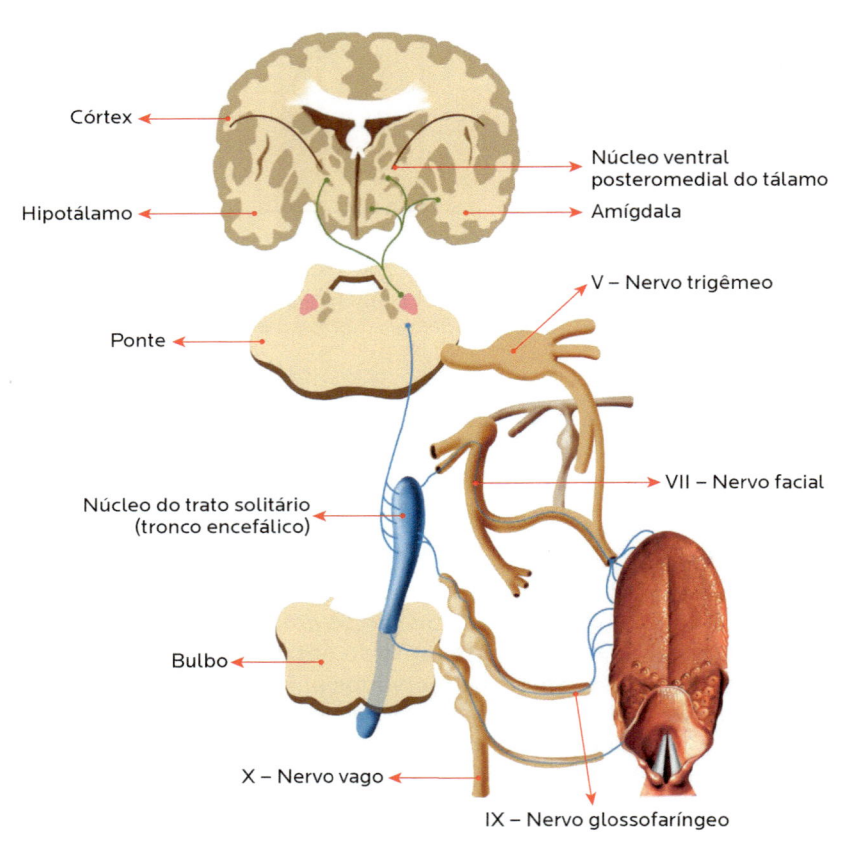

Figura 4.4 – Vias neurais da gustação.

SABOR

LEMBRETE

O sabor de um alimento determina sua aceitabilidade e modula seu consumo, influenciando a preferência por um alimento em detrimento do outro.

Sabor é uma percepção multimodal que envolve os sistemas gustativo, olfativo e somatossensorial. O campo receptivo para o sabor é a boca ou lugares particulares dentro da boca. Quando sentimos o sabor do alimento, não conseguimos determinar a região específica que está nos proporcionando essa sensação; a sensação surge da boca como um todo. Há, possivelmente, uma integração das vias dos três sentidos, que são estimulados ao mesmo tempo/espaço. A importância da olfação para a percepção do sabor dos alimentos fica evidente nos casos de resfriados e afecções que acometem a cavidade nasal e que nos impossibilitam de sentir o gosto dos alimentos. Com relação ao sistema somatossensorial, a temperatura e a textura dos alimentos também são capazes de alterar o sabor que sentimos.

A preferência por um determinado sabor começa já na vida intrauterina, quando o feto está exposto à dieta materna por meio do líquido amniótico. Como os receptores gustativos se desenvolvem entre a 13ª e a 16ª semanas de gestação, o bebê desenvolverá preferência por aquilo que a mãe come durante o período gestacional. É possível notar o desenvolvimento dessa preferência na infância, e ela pode permanecer até a vida adulta.

DISTÚRBIOS DO PALADAR

Os profissionais da área odontológica são, muitas vezes, os primeiros profissionais de saúde a entrarem em contato com queixas de pacientes sobre alterações no paladar. As reclamações de alterações no paladar frequentemente estão relacionadas às seguintes condições:

- ageusia (perda da percepção do paladar);
- hipogeusia (redução na percepção do paladar);
- fantogeusia (presença de uma sensação gustativa desagradável e persistente);
- disgeusia (distorções da qualidade gustativa).

Os distúrbios do paladar podem ainda ocorrer por causa da liberação de materiais de gosto ruim como resultado de uma condição oral (p. ex., gengivite, sialadenite), bem como por problemas relacionados ao transporte de produtos químicos gustativaos até as papilas gustativas (p. ex., como resultado de excessiva secura da cavidade oral ou danos às papilas gustativas em decorrência de uma queimadura). Outro mecanismo de perda de paladar é o dano a uma ou mais das vias neurais que inervam as papilas gustativas (p. ex., após a paralisia de Bell viral ou após procedimentos dentários ou cirúrgicos). Mais raramente, fatores neurais centrais (p. ex., tumor ou epilepsia) podem resultar em perda de paladar.

As alterações do paladar podem ser idiopáticas ou associadas a fatores locais, sistêmicos, e psicológicos. Entre os **fatores locais** podem ser citados baixa taxa de fluxosalivar, ardência bucal, candidíase, número de restaurações de amálgama e certas condições orais, como higiene deficiente, doença periodontal, uso de próteses totais (dentaduras) e dano do nervo periférico devido a um procedimento invasivo, incluindo intervenções odontológicas. Os **fatores sistêmicos** incluem baixas concentrações de zinco, distúrbios hormonais, traumas encefálicos, paralisia de Bell viral, terapias para câncer (quimioterapia ou radioterapia), disfunções metabólicas autoimunes ou das glândulas salivares e efeito colateral de medicação. Os **fatores psicológicos** associados a alterações no paladar incluem a depressão e estresse.

Muitos distúrbios do paladar desaparecem espontaneamente em alguns anos. No entanto, várias medidas podem ser tomadas para ajudar a corrigi-los. Por exemplo, quando o distúrbio estiver associado a uma medicação, ele pode ser revertido com a interrupção desta. O uso de saliva artificial pode ser útil em pacientes com xerostomia, e os casos de xerostomia induzida por radiação e paralisia de Bell geralmente melhoram com o tempo.

ATENÇÃO

Os distúrbios do paladar são condições que podem causar desconforto e prejudicar o apetite e a ingestão de alimentos. Embora tenham um impacto substancial na qualidade de vida e possam estar associados a outras doenças, eles são muitas vezes esquecidos pela comunidade médica.

LEMBRETE

O ressecamento bucal excessivo pode distorcer a percepção gustativa, uma vez que as papilas gustativas são continuamente banhadas pela saliva. Além disso, o avanço da idade tem sido associado a uma deficiência natural na percepção gustativa.

SAIBA MAIS

Os inibidores da enzima conversora da angiotensina (p. ex., captopril) estão entre os medicamentos mais comumente associados a distúrbios do paladar, incluindo hipogeusia e forte gosto metálico, amargo ou doce. A secura excessiva da cavidade oral é um efeito colateral comum de uma série de medicamentos (p. ex., anticolinérgicos, antidepressivos, anti-histamínicos) e de doenças (p. ex., síndrome de Sjögren, xerostomia, diabetes melito).

CONSIDERAÇÕES FINAIS

A preferência por um determinado sabor inicia-se na vida intrauterina, e o ambiente intrauterino pode ter uma influencia de longa duração na vida do indivíduo. Portanto, é importante que os profissionais da área de saúde orientem as gestantes para estabelecerem uma alimentação adequada e saudável, sem excesso de açúcares e gorduras, o que propiciará o desenvolvimento de um habito alimentar saudável na criança e consequentemente uma melhor saúde geral e bucal.

Finalmente, as disfunções do paladar podem causar desconforto e prejudicar o apetite e a ingestão de alimentos. Elas podem ser idiopáticas ou associadas a fatores locais, sistêmicos e psicológicos. Portanto, é importante que o profissional esteja atento a esses fatores para poder ajudar o paciente com uma simples orientação ou com a indicação de terapia quando necessário.

Fisiologia da secreção salivar

CAROLINE MORINI CALIL
CLÁUDIA HERRERA TAMBELI

A saliva é um fluido complexo que influencia a saúde bucal por meio de propriedades químicas e físicas específicas e não específicas. Alterações na qualidade ou na quantidade de saliva podem provocar efeitos deletérios tanto na saúde bucal quanto na sistêmica. Um exemplo disso é o que acontece com pacientes submetidos à radioterapia de cabeça e pescoço, procedimento que resulta em destruição da glândula salivar. Nesses casos, efeitos colaterais como a perda de função do tecido glandular salivar e a persistente sensação de boca seca (xerostomia) são inevitáveis. Este capítulo discutirá algumas das principais funções e composições da saliva, bem como o diagnóstico e o tratamento de disfunções, como xerostomia e halitose, e infecções oportunistas.

FISIOLOGIA DA GLÂNDULA SALIVAR

A saliva é um fluido misto secretado por três pares de glândulas salivares maiores, as parótidas, as submandibulares e as sublinguais (Fig. 5.1), que se dividem em ácino, ducto intercalado, ducto estriado e ducto excretor. Os ductos desses três pares de glândulas abrem-se respectivamente na altura do segundo molar superior, ao lado do freio lingual e ao lado do sulco lingual. Existem também as glândulas salivares menores, cujos ductos abrem-se na grande área da mucosa oral, com exceção do dorso lingual, da parte anterior do palato duro e da gengiva.

As glândulas salivares secretam em geral 0,5 L de saliva não estimulada por dia em resposta à ação do sistema nervoso autônomo simpático e parassimpático. Quando o fluxo salivar não é estimulado, as glândulas salivares maiores: parótida, sublingual e submandibular

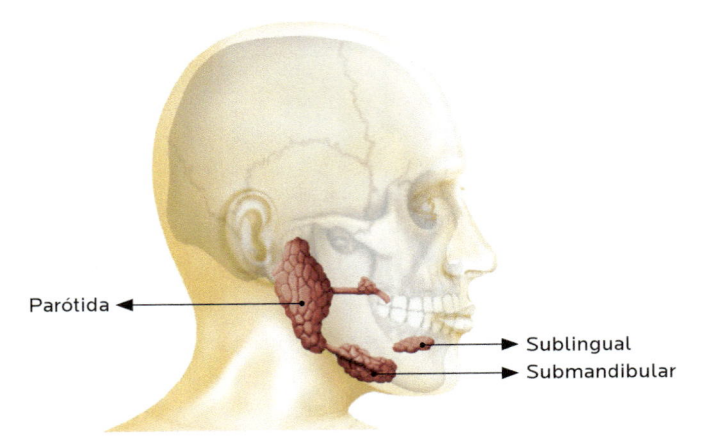

Figura 5.1 – Os três pares de glândulas salivares maiores.

contribuem respectivamente com 25%, 60% e 78% da saliva total. Quando o fluxo é estimulado, a contribuição da parótida aumenta em pelo menos 10%.

A formação da saliva envolve dois estágios: o primeiro envolve os ácinos e o segundo envolve os ductos salivares. Os ácinos produzem uma secreção primária que contém ptialina e mucina (primeira modificação). À medida que essa secreção primária flui através dos ductos, ocorrem dois importantes processos de transporte ativo que modificam bastante a composição iônica salivar (segunda modificação) (Fig. 5.2).

SAIBA MAIS

As glândulas salivares são inervadas pelos nervos aurículo temporal (parótida) e corda do tímpano (submandibular e sublingual).

Inicialmente, os íons sódio são reabsorvidos nos ductos, e os íons potássio são secretados em troca desse sódio. A seguir, íons bicarbonato são secretados para o lúmen do ducto pelo epitélio ductal. Depois desses processos, a saliva é secretada na cavidade oral, sendo composta por 99% de água e 1% de eletrólitos e macromoléculas. Alguns dos componentes mais importantes da saliva são apresentados no Quadro 5.1.

As glândulas salivares são inervadas tanto pelo sistema nervoso autônomo simpático quanto pelo parassimpático. A secreção é

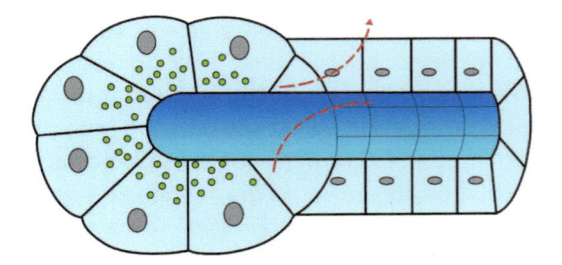

Figura 5.2 – Esquema ilustrativo do processo de formação da saliva (Catalán M.A et al., 2009). Devido ao fato de o epitélio dos ductos ser pouco permeável à água, a saliva final é hipotônica. Essa hipotonicidade facilita a sensibilidade gustatória e hidrata muitos componentes orgânicos que formam a camada de proteção da mucosa oral.

> **QUADRO 5.1 – Principais componentes da saliva**
>
> Amilase salivar ou ptialina (age na digestão de amido)
> Mucina (proteína responsável pela lubrificação)
> Lisozina (enzima com ação bactericida)
> Sais (KCl, NaCl, bicarbonato de sódio, fosfatos de sódio e de cálcio e carbonato de cálcio)
> Ureia
> Ácido úrico
> Creatinina
> Aminoácidos
> Aglutinogênios
> Sais de metais pesados, como mercúrio e chumbo

desencadeada principalmente por impulsos parassimpáticos desde os núcleos salivares, que se localizam aproximadamente na junção entre a ponte e o bulbo, e são excitados pelos estímulos mecânicos, químicos e de paladar da língua e de outras áreas da boca pelas fibras sensoriais aferentes. Reflexos que se originam no estômago e no intestino superior também estimulam a salivação (p. ex., quando ingerimos alimentos irritantes ou quando uma pessoa está nauseada). Nesses casos, a saliva serve para diluir qualquer componente agressivo.

A ativação do sistema nervoso autônomo simpático e parassimpático aumenta o fluxo salivar. No entanto, a secreção salivar é controlada principalmente pelo sistema parassimpático e sua ativação aumenta a intensidade do fluxo salivar muito mais do que a ativação do simpático, o qual provoca um aumento apenas transitório. O estímulo primário para a salivação é o paladar, e os estímulos aferentes são conduzidos ao núcleo solitário no bulbo pelos nervos faciais (VII) e glossofaríngeos (IX). Estímulos da mastigação e de outros sentidos, tais como olfato e visão, também estão integrados no núcleo solitário.

No homem, o paladar e a mastigação são os estímulos mais importantes para a secreção salivar. A via parassimpática eferente para as glândulas salivares sublinguais e submandibulares origina-se no núcleo salivatório superior do nervo facial, de onde partem as fibras pré-ganglionares que fazem sinapse no gânglio submandibular com fibras pós-ganglionares que inervam as glândulas submandibulares e sublinguais via nervo da corda do tímpano e nervo lingual, respectivamente. A via parassimpática eferente para a glândula parótida origina-se no núcleo salivatório inferior do nervo glossofaríngeo, de onde partem fibras pré-ganglionares que fazem sinapse no gânglio ótico com fibras pós-ganglionares que inervam as glândulas parótidas via nervo aurículo-temporal. Na via simpática, os nervos simpáticos que se originam na medula espinal estabelecem sinapses nos gânglios cervicais superiores com fibras pós-ganglionares simpáticas que posteriormente transitam ao longo de vasos sanguíneos até as glândulas salivares.

O parassimpático regula principalmente a secreção de líquido via liberação de acetilcolina (Ach) na superfície das células acinares das glândulas salivares, enquanto o simpático regula principalmente a secreção de macromoléculas via noradrenalina, que é liberada pelos nervos simpáticos.

PROPRIEDADES E FUNÇÕES DA SALIVA

As cinco principais funções da secreção salivar responsáveis pela manutenção da saúde oral e pelo estabelecimento de um equilíbrio ecológico adequado são: lubrificação e proteção; ação tampão e limpeza mecânica; manutenção da integridade do dente; atividade antibacteriana; paladar; e digestão.

SAIBA MAIS

Bicarbonatos, fosfatos e ureia modulam o pH e a capacidade de tamponamento da saliva. Proteínas e mucinas servem para limpar, agregar e/ou aderir microrganismos orais e contribuem para o metabolismo do biofilme. Cálcio, fosfato e proteínas trabalham em conjunto como um fator de insolubilidade e modulam a desmineralização e a remineralização. Proteínas, imunoglobulinas e enzimas proporcionam uma ação antibacteriana.[1]

Cada tipo de glândula secreta um fluido com composição proteica característica. Desse modo, a saliva total é uma secreção mista. A glândula parótida é acionada para secretar um fluido aquoso rico em bicarbonato. As principais proteínas constituintes da saliva da parótida são amilase (20%); fosfoproteínas, como as estaterinas (7%); e proteínas ricas em prolina (60%). As fosfoproteínas e as proteínas ricas em prolina são os principais constituintes da película proteica da superfície dental e também têm o papel de manter a saliva supersaturada em cálcio. A parótida é importante para a neutralização de ácidos e a formação da película adquirida que corresponde à finíssima camada de proteínas salivares adsorvidas à superfície dental.

Os fatores biológicos presentes na saliva são essenciais para a preservação da dentição ao longo da vida e afetam os três fundamentais componentes da etiologia da cárie: dente, placa bacteriana e substrato. A saliva mantém a saúde da dentição por meio de inúmeras funções, incluindo vigilância imunológica, taxa de fluxo salivar, capacidade tampão, altas concentrações de cálcio e fosfato, atividade antimicrobiana, agregação, capacidade de tamponamento por fosfato de cálcio e eliminação de microrganismos da cavidade oral.

LEMBRETE

A capacidade de tamponamento da saliva é mais eficiente quando há altas taxas de fluxo salivar (fluxo estimulado), sendo quase ineficaz durante períodos de baixo fluxo.

As ações de tampão e de limpeza da saliva funcionam por meio dos seguintes componentes: bicarbonato, ureia, fosfato e enzimas. O bicarbonato é o principal deles, pois se difunde através do biofilme e age como um tampão, neutralizando os ácidos. A ureia, outro componente tampão presente na saliva, libera amônia após ter sido metabolizada pelo biofilme, contribuindo para o aumento de pH. O fosfato é um importante componente tampão somente quando há fluxo salivar estimulado.

Em repouso, as principais glândulas ativas são as submandibulares e sublinguais. Junto com as numerosas glândulas salivares menores, elas são a maior fonte de mucinas salivares (MUC5B e MUC7). A MUC5B participa da barreira que impede a entrada de agentes nocivos, e sua principal função é proteger os tecidos moles e duros contra danos químicos, físicos e microbianos. Além disso, essa camada proteica auxilia na redução da fricção que ocorre entre os dentes antagonistas, diminuindo, assim, o desgaste dental. A molécula de baixo peso molecular da MUC7 tem um amplo espectro de ligação com bactérias e por isso desempenha um papel importante na sua eliminação. Além de bactérias, alguns vírus, incluindo o do HIV, são encapsulados e inativados pela MUC7. Sem as mucinas, a mucosa oral e a superfície dental tornam-se altamente vulneráveis a infecções, inflamações e desgastes mecânicos.

A saliva possui propriedades antimicrobianas que ajudam na defesa dos tecidos da cavidade oral e do trato gastrintestinal contra agressões fúngicas, virais e bacterianas. As proteínas antimicrobianas salivares exercem suas diversas funções de maneira coordenada e frequentemente regulam a flora bacteriana oral por meio da inibição de seu crescimento, da interrupção da aderência e da morte de um amplo espectro de microrganismos. O mais óbvio dos mecanismos antimicrobianos protetores da saliva é o constante fluxo salivar, que remove substâncias tóxicas, microrganismos e restos alimentares da cavidade oral e do trato digestivo. Entretanto, a saliva contém outros mecanismos importantes para a função de proteção, divididos em dois grupos: fatores não imunes e imunoglobulinas (Tab. 5.1).

Os **fatores não imunes** incluem histatinas, lactoferrina, lisozimas, peroxidases, cistatinas e defensinas. As histatinas têm recebido muita atenção em razão de suas propriedades antifúngicas e

TABELA 5.1 – Principais proteínas antimicrobianas na saliva total humana

Proteína	Principais funções
Fatores não imunes	
Lisozima	Bactérias Gram-positivas, levedura Candida
Lactoferrina	Bactérias Gram-positivas e negativas
Peroxidases	Bactérias, vírus, leveduras
Estatinas	Antibacteriana, antifúngica
Cistatinas	Antivirais
Imunoglobulinas	
IgA secretora	Inibição da adesão
IgG	Aumento da fagocitose
IgM	Aumento da fagocitose

Fonte: Adaptada de Edgar e colaboradores.[2]

SAIBA MAIS

Os níveis de histatina encontram-se aumentados em pacientes com infecção recorrente por *Candida albicans*, e acredita-se que esse nível aumentado previne infecções mais sérias, bem como evita o estabelecimento de infecções secundárias pelo organismo.

LEMBRETE

A saliva previne o crescimento exagerado de microrganismos e mantém um ecossistema equilibrado e estável no qual as espécies bacterianas inofensivas são mais prevalentes do que as espécies cariogênicas prejudiciais.

antimicrobianas. A atividade biológica da lactoferrina é atribuída a sua alta afinidade pelo ferro (Fe^{+3}) e à consequente privação desse metal essencial dos microrganismos patogênicos, o que resulta em um efeito bacteriostático.

A lisozima está presente em recém-nascidos em níveis iguais àqueles dos adultos e assim pode exercer funções antimicrobianas antes da irrupção dental. Bactérias Gram-negativas são mais resistentes à lisozima por sua camada externa protetora de lipossacarídeos. Bactérias Gram-positivas, como os *Streptococcus mutans*, podem ser protegidas por polissacarídeos extracelulares produzidos pelas células. A concentração de lisozima salivar não se relaciona com a incidência ou a prevalência de cárie. As cistatinas são consideradas protetoras pela inibição de proteólise indesejável e podem inibir seletivamente as proteases que se originam de bactérias e/ou leucócitos. Além das propriedades antibacterianas, apresentam também propriedades antivirais.

A imunidade adaptativa é primariamente representada pelas **imunoglobulinas secretórias** IgA, IgM e IgG presentes na saliva. A IgA é produzida por células plasmáticas localizadas adjacentemente aos tecido glandular de células do ducto e ácinos. A IgA é ativa em superfícies mucosas e também age na neutralização de vírus. Ela pode atuar como um anticorpo para antígenos bacterianos, interferindo na agregação de microrganismos e inibindo assim a aderência bacteriana aos tecidos do hospedeiro. Há outras imunoglobulinas presentes na saliva, provavelmente originadas do fluido crevicular gengival e em quantidades mais baixas.

A função digestiva da saliva inclui o umedecimento do alimento e o auxílio na formação do bolo alimentar, facilitando assim a deglutição e auxiliando na percepção do paladar. A saliva contém amilase, uma enzima que quebra o amido em maltose solúvel e fragmentos de dextrina, e lipase salivar, que inicia o processo de digestão das gorduras.

HIPOSSALIVAÇÃO

CONSEQUÊNCIAS DA HIPOSSALIVAÇÃO

A hipossalivação é caracterizada pela diminuição do fluxo salivar, que pode ser objetivamente mensurado pela quantidade de saliva secretada por minuto. Essa condição resulta no ressecamento dos tecidos epiteliais orais e muitas vezes causa ardência na língua e fissuras (Fig. 5.3).

Na maioria dos pacientes, a boca seca é causada por **medicamentos xerostômicos**, como β-bloqueadores, sedativos e antidepressivos, que bloqueiam a neurotransmissão da glândula salivar. Esse bloqueio pode ser melhorado por estimulação mecânica ou gustatória. Um segundo grupo bem menor de pacientes que sofrem de hipossalivação consiste em indivíduos com doenças autoimunes, em

Fisiologia Oral

particular a **síndrome de Sjögren**,[3] que afeta principalmente mulheres e tem início na quarta ou quinta década de vida. No primeiro estágio do processo dessa doença, a diminuição do fluxo salivar pode ser superada com estímulos mecânicos ou gustatórios, porém a habilidade secretória da glândula vai declinar gradualmente de acordo com a progressão da doença.

Há evidências da participação do estresse na diminuição da salivação. Sabe-se que o estresse promove a ativação do sistema nervoso simpático, levando à maior secreção de catecolaminas, as quais promovem ajustes cardiorrespiratórios e comportamentais e simultaneamente inibem respostas não essenciais durante a exposição a agentes estressores, como a secreção salivar. Nas glândulas salivares, estímulos simpáticos causam constrição da vascularização da glândula, por meio da liberação de catecolaminas, produzindo somente pequenas quantidades de saliva mucosa. Assim pacientes estressados podem apresentar uma redução do fluxo salivar em diferentes graus.

Menos de 1% dos casos de falta completa de saliva é causado pela radioterapia de cabeça e pescoço. A radioterapia convencional para tumores na cavidade oral ou na orofaringe frequentemente resulta em destruição irreversível das glândulas salivares maiores e, portanto, leva a uma hipossalivação grave. Como resultado, o paciente frequentemente queixa-se de desconforto e dificuldade para mastigar e deglutir, mucosites, progressão das lesões de cárie, esofagite crônica, inabilidade ao usar próteses, alterações na microbiota oral, candidíase, alteração de paladar e halitose, o que diminui a qualidade de vida. Nesses casos, recomenda-se o uso de paliativos, como salivas artificiais e géis hidratantes para mucosa oral.

Vários pesquisadores têm tentado definir os limites mínimos do fluxo salivar "normal". Infelizmente, os cirurgiões-dentistas não medem rotineiramente a taxa de fluxo salivar de seus pacientes e, por isso, quando um paciente se queixa de boca seca, não existem dados de base para comparação. A maioria dos estudos considera normal um fluxo salivar entre 0,3 e 0,4 mL/min. Faz-se o diagnóstico de hipofunção salivar se o fluxo não estimulado de saliva total for menor que 0,1mL/min, utilizando a técnica apresentada no Quadro 5.2 e ilustrada pelas Figuras 5.4 e 5.5.

O fluxo salivar não estimulado representa a atividade da glândula salivar em condições normais, enquanto o fluxo salivar estimulado representa o potencial da glândula em responder a estímulos, caso seu fluxo esteja baixo. Por exemplo, pacientes que fizeram radioterapia de cabeça e pescoço muito provavelmente terão um baixo fluxo salivar mesmo com estimulação, em razão da destruição de parte do tecido glandular. Nesses casos, recomenda-se a prescrição de saliva artificial para melhorar o conforto e a proteção dos tecidos bucais. Nos casos de baixa salivação decorrente apenas de falta de estímulos ou uso de medicamentos, ou mesmo baixa ingestão de líquidos, pode-se sugerir aos pacientes que estimulem a própria glândula para, ao longo do tempo, restabelecer uma taxa saudável de fluxo salivar.

Síndrome de Sjögren

Síndrome autoimune caracterizada por um infiltrado linfocítico das glândulas salivares que aumenta conforme a progressão a doença, provocando degeneração da glândula acinar, necrose, atrofia e completa destruição do parênquima glandular.

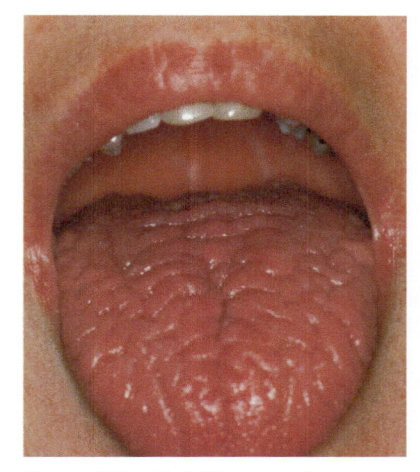

Figura 5.3 – Epitélio seco e fissurado causado pela hipossalivação severa em pacientes com síndrome de Sjögren. Foto gentilmente cedida por Dr. Arjan Vissink do Department of Oral and Maxillofacial Surgery, University Medical Center Groningen.

SAIBA MAIS

A saliva artificial e certos lubrificantes podem melhorar alguns dos sintomas de xerostomia em pacientes que não possuem mais glândulas salivares viáveis. Esses produtos tendem a reduzir a sensação de secura da boca e a melhorar o funcionamento oral, e devem ser escolhidos considerando aspectos como duração do efeito, paladar, lubrificação e custo. Mesmo assim, ainda há pacientes que fazem uso somente de água. Recentemente, também ocorreu um aumento de interesse pelo uso de acupuntura, que, embora ainda não seja comum, é uma boa alternativa para pacientes que respondem bem aos agonistas muscarínicos, mas sofrem com os efeitos colaterais.

QUADRO 5.2 – Técnica para determinação do fluxo salivar

Fluxo salivar não estimulado	Fluxo salivar com estímulo mecânico e gustatório
Durante 5 minutos, com os olhos abertos, o paciente deposita a saliva secretada sem esforço em um recipiente de plástico. O volume obtido é mensurado com uma seringa e dividido por cinco. O resultado é apresentado em mL/min.	Durante 5 minutos, com os olhos abertos, fazendo uso de uma goma de mascar sem açúcar, o paciente deposita a saliva secretada em um recipiente de plástico. O volume obtido é mensurado com uma seringa e dividido por cinco. O resultado é apresentado em mL/min.

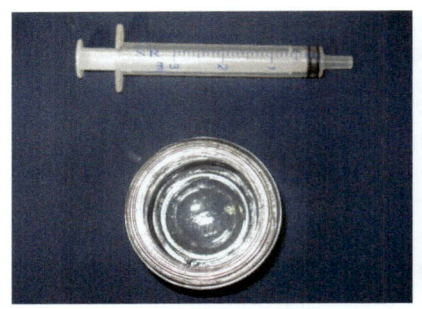

Figura 5.4 – Recipiente transparente e seringa plástica para mensuração do fluxo salivar.

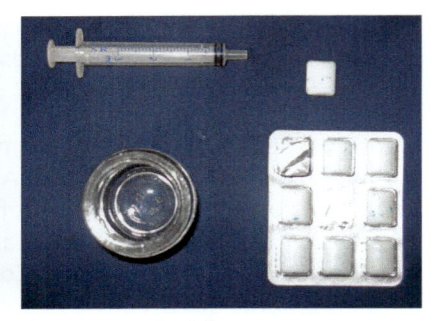

Figura 5.5 – Recipiente transparente, seringa plástica e goma de mascar para mensuração do fluxo salivar estimulado.

HIPOSSALIVAÇÃO E SUA RELAÇÃO COM A HALITOSE

Como descrito aneriormente, taxas de fluxo não estimulado menores que 0,1 mL/min são consideradas evidências de hipossalivação. Esse fator pode estar envolvido no surgimento do mau hálito, uma vez que a salivação auxilia na limpeza da cavidade bucal. O número de bactérias na saliva pode chegar a 109/mL, e elas são eliminadas pelo processo de deglutição. Em pacientes com fluxo salivar reduzido, a eliminação de bactérias e de células descamadas pode ser prejudicada por deficiência na deglutição, resultando em maior acúmulo de substrato e de microrganismos responsáveis pela produção de compostos sulfurados voláteis (CSVs), principais gases responsáveis pelo mau hálito.

Embora a saliva possa influenciar a formação do mau odor oral, os efeitos individuais dos componentes salivares sobre o mau hálito ainda não são totalmente compreendidos. O fluxo salivar é considerado um dos fatores que pode influenciar a formação do mau odor bucal porque sua diminuição provoca uma maior retenção de células epiteliais e restos alimentares. A redução do fluxo salivar também enfraquece os mecanismos de limpeza mecânica da cavidade oral e predispõe a microbiota bucal ao crescimento e proliferação de microrganismos Gram-negativos responsáveis pelo mau odor.

Existe ainda uma relação com o aumento da produção de CSVs durante as fases pré-menstrual e menstrual, o que reforça a importância do reforço da higiene bucal nesses períodos. Estudos demonstram um aumento dos CSVs em um grupo de mulheres com excelente condição bucal (identificada por ausência de saburra lingual, pontos sangrantes, terceiros molares em irrupção, próteses e dispositivos ortodônticos e por um índice de placa cuja média não ultrapassou 10%). Se mesmo dentro dessas condições são observados níveis de CSV maiores durante as fases pré-menstrual e menstrual, as alterações bucais associadas a processos inflamatórios preexistentes poderiam elevar ainda mais essas concentrações. Essa pode ser uma das explicações para as queixas de mau hálito em pacientes do sexo feminino em determinados períodos, mesmo na ausência de quaisquer sinais clínicos aparentes de inflamação gengival.

É importante ressaltar que os níveis de CSV aumentados foram acompanhados de uma diminuição de fluxo salivar durante o período pré-menstrual, como demonstrado na Figura 5.6. Nesse período, ocorrem grandes alterações na relação entre as concentrações de estrógeno e progesterona, e essas flutuações hormonais, combinadas com tensões emocionais (estresse e ansiedade), poderiam exacerbar sintomas de irritabilidade, mesmo em pacientes não portadoras de síndrome pré-menstrual. Ainda que esse efeito seja transitório, o fluxo salivar das mulheres na fase pré-menstrual pode diminuir, contribuindo para os aumentos de CSV observados. Em mulheres portadoras de síndrome pré-menstrual, essas diferenças podem ser ainda maiores.

Clinicamente, a quantidade de saliva é tão importante quanto sua qualidade, motivo pelo qual é preciso verificar a mucosidade, a coloração, o cheiro e a viscosidade da saliva secretada. A saliva deve

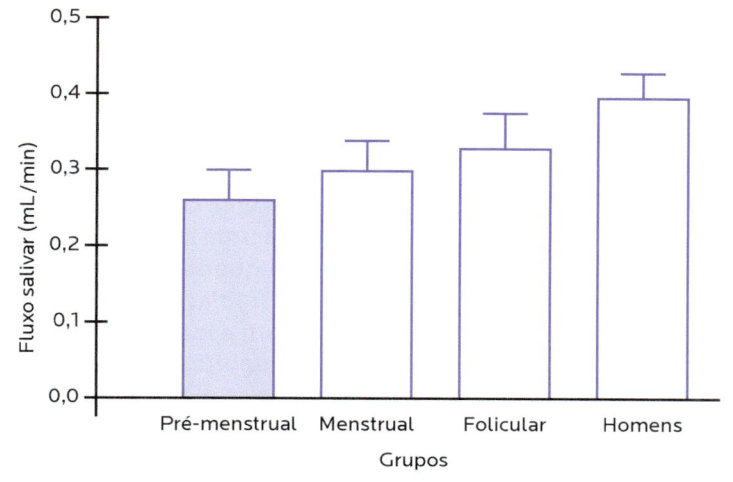

Figura 5.6 – Fluxo salivar de mulheres em diferentes fases do ciclo menstrual e de homens. Barras com padrões diferentes indicam diferença estatística entre os grupos. N = 17 homens e 14 mulheres.

ser inodora, transparente e fluida. A saliva com muita espuma indica mucosidade aumentada, o que pode resultar, por exemplo, da estimulação do sistema nervoso simpático pelo estresse, que aumenta a produção de mucinas salivares responsáveis pela aderência de células epiteliais descamadas e de microrganismos sobre o dorso da língua. Nesses casos, o aumento da salivação por estímulos mecânicos, gustatórios ou farmacológicos pode ajudar a corrigir essas alterações, impedindo o aumento de CSV e, consequentemente, diminuindo a halitose.

> **SAIBA MAIS**
>
> Embora não faça parte do arsenal de medidas recomendadas por cirurgiões-dentistas para o controle de halitose, a prescrição de gomas de mascar, associada à degradação fisiológica de proteínas da cavidade bucal, é efetiva e pode ser associada à orientação sobre a higienização da língua, local onde ocorre a maior produção de CSV.

A estimulação gustatória é um estímulo mais eficaz quando comparado à mastigação isoladamente (p. ex., somente com parafina) e pode ajudar a aliviar a sensação de boca seca e diminuir a concentração dos CSV. Com o uso de gomas de mascar sem açúcar, o fluxo salivar pode chegar a 6 mL/minuto nos primeiros minutos. Nos 15 minutos seguintes, ele diminui para cerca de 1 mL/minuto, ainda bem acima do fluxo não estimulado, sendo que essa taxa pode ser mantida por 2 horas ou mais.

Com relação ao controle farmacológico, a estimulação da secreção salivar pela ativação de receptores muscarínicos é uma das alternativas mais acessíveis. A pilocarpina é provavelmente o agente terapêutico colinomimético mais conhecido. A cemivelina é mais utilizada nos EUA e pode mostrar mais especificidade para os receptores muscarínicos M3, apresentando potencialmente menos efeitos colaterais.

SECREÇÃO SALIVAR NO IDOSO

> **SAIBA MAIS**
>
> O mecanismo de ação mais comum dos medicamentos que causam hipofunção salivar é mediado pelo bloqueio dos receptores muscarínicos das células acinares, o que, por sua vez, inibe a ação da acetilcolina nesses receptores.

A hipossalivação aumenta com a idade. Enquanto na população total apenas 6 a 10% das pessoas sofrem de boca seca, essa porcentagem aumenta para 25% em pessoas com idade acima de 50 anos e até para 40% em pacientes acima de 80 anos. Na maioria dos casos, esse aumento da hipossalivação relacionado à idade é causado pelo aumento no uso de medicamentos como β-bloqueadores, sedativos, anti-hipertensivos, tranquilizantes e antidepressivos.

> **ATENÇÃO**
>
> A redução patológica do fluxo salivar tem consequências drásticas na saúde bucal, incluindo taxa muito acelerada da progressão das lesões de cárie, halitose, síndrome da ardência bucal, candidíase e alteração de paladar, que podem afetar a qualidade de vida do idoso.

Estudos histoquímicos também revelaram que a quantidade de tecido secretório das glândulas salivares diminui com a idade, porém esse fato aparentemente não induz a uma apreciável perda do desempenho secretório. É mais provável que as doenças sistêmicas e seus tratamentos (medicações, radiações, quimioterapias), que também aumentam com a idade, contribuam mais significativamente para a hipofunção salivar nos idosos. Recentemente, foi demonstrado que as glândulas salivares das pessoas mais idosas são mais vulneráveis aos efeitos deletérios dos medicamentos quando comparadas às dos indivíduos mais jovens, confirmando os achados de prevalência de xerostomia entre adultos mais velhos, particularmente aqueles que fazem uso de medicações.

> ### SAIBA MAIS
>
> A saliva é um fluido diluído composto por mais de 99% de água. A saliva não é considerada um ultrafiltrado de plasma. Inicialmente, a saliva formada nos ácinos é isotônica, mas torna-se hipotônica à medida que percorre os ductos salivares. A hipotonicidade da saliva não estimulada permite que as papilas gustativas possam perceber sabores diferentes, sem que sejam mascarados pelos níveis plasmáticos de sódio. A hipotonicidade, especialmente durante baixos fluxos de saliva, também permite a expansão e a hidratação de glicoproteínas como as mucinas, que por sua vez protegem os tecidos bucais. As menores concentrações de glicose, bicarbonato e ureia em saliva não estimulada aumentam a hipotonicidade do ambiente, favorecendo a melhor percepção do paladar.
>
> A saliva desempenha uma função importante na percepção do paladar, funcionando como solvente para os alimentos, um transportador das moléculas que provocam o sabor por meio de sua composição. Como consequência, pacientes com fluxo salivar reduzido podem apresentar alteração de paladar (digeusia).
>
> A produção diminuída de saliva leva a mucosite oral, dor e suscetibilidade aumentada ao desenvolvimento das infecções microbianas, sendo a mais prevalente a candidíase. Essa infecção fúngica é causada pela *Candida albicans*, como já escrito anteriormente.

IMPORTÂNCIA DA SALIVA NA DOENÇA PERIODONTAL

Para melhor avaliar o papel da saliva na doença periodontal, é importante estudar como as doenças infecciosas da boca, principalmente a cárie, a gengivite e a periodontite, evoluíram e deixaram de ser uma doença ocasional para ser um problema muito comum que afeta quase todas as pessoas e várias vezes ao longo da vida.

Apesar de a doença periodontal ser considerada uma doença infecciosa, por ser provocada por bactérias, essas bactérias existem normalmente na cavidade bucal dos seres humanos há alguns milhões de anos, muito tempo antes de a doença periodontal se tornar um problema. A partir de uma análise mais cuidadosa das causas das doenças periodontais, ou mesmo da cárie, fica evidente que algum "novo" fator que não as bactérias tornou essas doenças exageradamente incidentes nos seres humanos.

Muito provavelmente o homem primitivo tinha dentes cariados ou gengivite esporadicamente durante a vida, e as doenças periodontais deveriam começar aparecer apenas nas pessoas idosas. Contudo, à medida que os hábitos alimentares mudaram, principalmente em razão da industrialização e do processamento alimentar, observou-se um aumento drástico da incidência de cárie e periodontite. A realidade dessas doenças hoje é bem diferente de algumas centenas de anos

SAIBA MAIS

Com o processamento alimentar, ocorreu uma grande diminuição da quantidade de saliva produzida pelas glândulas salivares, que normalmente são mais estimuladas quando mastigamos alimentos não processados. Estudos feitos a partir das impressões que as glândulas salivares submandibulares deixam no osso mandibular demonstram que essas glândulas são bem menores em um homem adulto hoje do que algumas centenas de anos atrás.

atrás, e atualmente não é raro encontrarmos pessoas que passam quase toda a vida tratando de cáries e gengivites.

Algumas propriedades da saliva são importantes na prevenção da doença periodontal. Em primeiro lugar, a saliva evita a lesão dos tecidos orais durante a mastigação, e gengivas traumatizadas são bem mais suscetíveis à ação de bactérias. Desse modo, pessoas que apresentam xerostomia (boca seca) são mais suscetíveis a periodontites. Além disso, na saliva são encontrados alguns tipos de anticorpos importantes para evitar que a população de bactérias da cavidade oral aumente demasiadamente. Pode-se dizer que a doença periodontal é um problema de "ecologia oral", causado por um desequilíbrio entre os fatores que protegem os tecidos da boca, como a saliva, e as bactérias, habitantes naturais da cavidade bucal.

O PODER DIAGNÓSTICO DA SALIVA

A saliva, historicamente desprezada na literatura, é agora vista por pesquisadores, clínicos e até por pacientes como um indicador seguro e não invasivo de saúde e de doença. Existe um abrangente campo de pesquisa sobre a saliva como líquido diagnóstico.

LEMBRETE

A facilidade de coleta da saliva tem sido um ponto de interesse para pesquisadores, pois, quando a metodologia da pesquisa envolve amostras repetidas, a venipuntura torna-se muitas vezes inviável. As coletas de saliva total são muito mais fáceis e confortáveis, além de diminuírem o estresse do voluntário ou paciente, por não haver a agulha.

Por muitos anos, a pesquisa relacionada à saliva esteve focada na análise dos aspectos básicos em indivíduos saudáveis. Um dos primeiros trabalhos nessa área demonstrou que os níveis salivares de íons tiocianato poderiam ser usados para diferenciar fumantes de não fumantes. Esse estudo realizou ensaios em sangue, saliva e urina e apontou a saliva como o indicador mais sensitivo entre eles. Este também foi o primeiro estudo a sugerir que o poder de diagnóstico das análises salivares poderia ser comparado ao das análises sanguíneas, embora atenção deva ser dedicada às condições sob as quais a saliva é coletada. Além disso, muitos outros biomarcadores podem ser mensurados utilizando fluidos orais. Esses fatos abrem uma extraordinária oportunidade de aumentar a versatilidade de diagnósticos feitos por meio da saliva.

Quando as potenciais relações entre saliva e doenças foram descobertas, inúmeras tentativas foram realizadas a fim de observar as alterações dos componentes inorgânicos em diferentes estágios de doença. Notadamente foi estabelecido que as alterações de potássio e cálcio na saliva poderiam ser usadas como marcadores de diagnóstico em sistemas de monitoramentos de toxicidade. No final da década de 1980, procedimentos de alta sensibilidade foram colocados em prática para quantificar diferentes hormônios e drogas na saliva, apesar desses serem encontrados em baixas concentrações.

A análise da saliva tem sido empregada em diversas áreas, como farmacologia, monitoramento de terapêutica com alguns medicamentos, estudos sobre metabolismo, testes de abuso de drogas, avaliação e estimativa de pesquisas endócrinas (cortisol salivar), níveis de testosterona em homens e de progesterona em mulheres, diagnóstico imunológico (diagnóstico de vírus e vigilância), diagnóstico de reações decorrentes de enxerto *versus* hospedeiro. À medida que as evidências baseadas em pesquisa científica se acumulam, os diagnósticos baseados em saliva estão sendo altamente aceitos por clínicos e pacientes. A natureza não invasiva e a facilidade de coleta têm feito da saliva o fluido de escolha não só para diagnóstico, mas também para projetos de levantamentos populacionais.

CONSIDERAÇÕES FINAIS

O conhecimento da composição, do fluxo e da função da saliva é extremamente importante durante o tratamento dos pacientes. Profissionais de saúde da área odontológica passam incontáveis horas removendo esse precioso recurso natural para realizar uma terapia, mas há pouca consideração em relação ao fluxo salivar até que ele se torne significativamente reduzido. No entanto, independentemente da quantidade de saliva, sua contribuição para a preservação e a manutenção da saúde bucal e sistêmica deve ser reconhecida.

Sucção e deglutição

CLÁUDIA HERRERA TAMBELI
GIÉDRE BERRETIN-FELIX
LUCIA FIGUEIREDO MOURÃO
MARIA BEATRIZ DUARTE GAVIÃO
MARIANA DA ROCHA SALLES BUENO
ROBERTA LOPES DE CASTRO MARTINELLI

A sucção e a deglutição são funções reflexas inatas que se estabelecem na vida intrauterina e estão ligadas à sobrevivência do recém-nascido. A sucção envolve um movimento rítmico da mandíbula e da língua associado à deglutição, que, por sua vez, tem como finalidade o transporte do alimento da boca até o estômago sem que haja entrada de substâncias na via aérea inferior.

O presente capítulo abordará os aspectos anatomofuncionais e o controle neural envolvido em ambas as funções, bem como as características fisiológicas da sucção nutritiva e não nutritiva e da deglutição nas diferentes fases da vida. Tal divisão didática se torna importante na medida em que a fisiologia da deglutição apresenta características específicas relacionadas à condição anatômica e funcional das estruturas envolvidas, as quais se modificam com os processos de crescimento, desenvolvimento e envelhecimento.

SUCÇÃO

A sucção é uma função reflexa e vital a partir do quinto mês de vida intrauterina até o quarto mês após o nascimento, quando já inicia o controle voluntário. Na vida intrauterina, o feto instintivamente suga lábios, língua, dedos e líquido amniótico, de modo que essa função encontra-se plenamente desenvolvida ao nascer. A sucção pode ser observada a partir da 18ª à 22ª semana de vida intrauterina, e na 32ª semana já está maturada.

Além da sucção, outras funções orais, como a deglutição e o reflexo do vômito, podem ser observadas na vida intrauterina. Isso denota o amadurecimento morfológico das estruturas relacionadas (maxila, mandíbula, articulação temporomandibular e músculos), bem como o amadurecimento funcional dos nervos cranianos trigêmeo e facial, preparando o indivíduo para o nascimento.

> **SAIBA MAIS**
>
> A sucção deixa de ser necessária para a nutrição a partir dos 12 meses de vida, quando o aprendizado da mastigação se efetiva. No entanto, é mantida no decorrer da vida e tem sido observada nos estágios avançados do coma.

Do nascimento ao longo dos primeiros 6 meses de vida, as crianças obtêm o principal alimento (leite) para seu crescimento e desenvolvimento apropriado por meio da sucção. Para conseguir isso, um recém-nascido não deve apresentar malformações congênitas na boca ou nos sistemas respiratório ou nervoso e não deve estar sob o efeito de medicamentos ou possuir lesões que alterem as funções normais nos órgãos e sistemas envolvidos (digestório, respiratório, cardiovascular e nervoso).

A sucção é uma resposta reflexa complexa com eventos sensoriais e motores que estão sob controle involuntário e voluntário. No tronco cerebral, os nervos cranianos fornecem as fibras sensoriais e motoras que inervam a face, a boca, a faringe, a laringe e o estômago. Os movimentos posteroanteriores da língua e da mandíbula são executados pela atividade alternada dos músculos elevadores da mandíbula (masseter, temporal e pterigóideo medial) e depressores da mandíbula (pterigóideos laterais, digástrico, milo-hióideos e gênio-hióideos).

Os músculos orbicular dos lábios, mentoniano e bucinadores participam da sucção, e a musculatura lingual é a primeira envolvida. O músculo orbicular dos lábios ajuda a manter o selamento labial na mama; o mentoniano eleva e protrui o lábio inferior, sendo bastante ativo durante o aleitamento materno; e os bucinadores comprimem a bochecha para manter seu contato com a mama. Os movimentos de lateralidade são de pouca intensidade, mas os côndilos seguem quase os mesmos trajetos que em protrusão, permitindo a utilização de todos os músculos.

O processo que permite que uma criança obtenha o alimento é conhecido como sucção nutritiva. No entanto, a sucção também pode ocorrer por meio da estimulação oral sem a presença de líquido, o que caracteriza a sucção não nutritiva. Ambos os tipos de sucção são detalhados a seguir.

SUCÇÃO NUTRITIVA

A sucção nutritiva tem como principal objetivo a obtenção de nutrientes a partir do leite para crescimento e desenvolvimento apropriado. Pode ocorrer por meio do aleitamento natural (amamentação) ou artificial (com a utilização de mamadeira). Os movimentos de sucção durante o aleitamento materno têm grande importância, pois favorecem o adequado desenvolvimento das estruturas do sistema estomatognático. Além disso, o aleitamento materno proporciona vantagens para a manutenção da saúde geral do lactente.

Ao nascimento, a criança apresenta várias características anatômicas que favorecem a sucção e a deglutição durante o período de aleitamento. Tais características incluem a relação distal da mandíbula em relação à maxila (retrognatismo mandibular), o pequeno espaço intraoral, a presença de depósito de tecido gorduroso nas bochechas e a língua grande em relação ao tamanho da cavidade oral. Além disso, o osso hioide e a laringe estão localizados mais superiormente no pescoço, e a faringe é menor.

O retrognatismo mandibular facilita o movimento posteroanterior e de elevação da mandíbula (Fig. 6.1). A presença de depósito de tecido gorduroso nas bochechas mantém a língua na linha mediana durante a sucção e previne o colapso das bochechas quando o tamanho da cavidade oral é aumentado pela depressão da língua. O pequeno espaço intraoral ajuda a controlar o volume de leite ingerido. O tamanho volumoso da língua e seu movimento ascendente-descendente durante a sucção inicia uma onda de propulsão para a parte posterior da cavidade oral que ocupa quase completamente essa cavidade, o que facilita o fluxo de leite para a orofaringe. A laringe em posição mais superior avança facilmente em direção à epiglote. Esse movimento é facilitado pelo movimento ascendente da língua, que proporciona uma maior proteção das vias aéreas inferiores por meio da obstrução completa pelo fechamento glótico e sobreposição da epiglote.

O recém-nascido também apresenta uma desproporção entre crânio cefálico e crânio facial e uma pequena altura de face. Todas essas desproporções fisiológicas são importantes para a sucção e a deglutição durante o período de aleitamento e serão compensadas durante o período de crescimento se estimulações funcionais adequadas forem propiciadas ao sistema estomatognático, tais como amamentação, respiração nasal, mastigação e deglutição. Finalmente, a respiração no recém-nascido é fundamentalmente nasal e está associada a vias aéreas mais curtas, o que contribui para um fluxo de ar laminar com menor resistência para os alvéolos, e vice-versa.

A sucção nutritiva é uma função característica dos mamíferos que constitui o primeiro ato digestório da alimentação. Trata-se de um processo que compreende funções intimamente relacionadas: a sucção propriamente dita, a deglutição e a respiração. Durante a sucção, o lactente extrai o leite do seio materno. A seguir, o leite é conduzido ao sistema digestivo pela deglutição, sem passar pelas vias aéreas. Em bebês saudáveis e nascidos a termo, esse processo é rítmico e contínuo para garantir a ingestão de alimentos e satisfazer as exigências metabólicas. É necessário que a sucção seja coordenada com a respiração para manter o processo aeróbico, que permitirá que a criança obtenha a maior quantidade possível de alimento com o menor gasto energético.

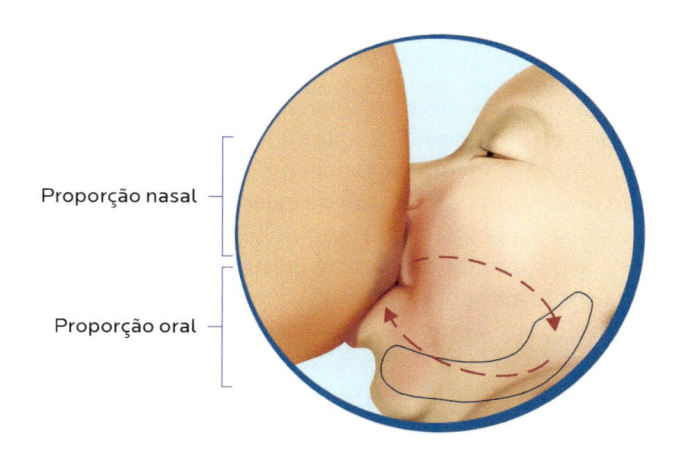

Figura 6.1 – Movimentação da mandíbula durante a sucção nutritiva natural. Observa-se que a movimentação da mandíbula ocorre da direção anterossuperior para a posteroinferior. A figura original que deu origem a essa ilustração foi gentilmente cedida pelo Prof. Mario Enrique Rendón Macías, Unidade de Investigação em Epidemiologia Clínica, Unidade Médica de Alta Especialidade, Hospital de Pediatria, Centro Médico Nacional Siglo XXI, Instituto Mexicano de Seguro Social, México.

> **SAIBA MAIS**
>
> A sensibilidade tátil dos lábios é maior que a das polpas digitais, o que explica o fato de o bebê levar tudo à boca.

A sucção é uma experiência oral primária, uma vez que proporciona ao ambiente oral do recém-nascido a sua primeira exposição ao mundo exterior. A boca do recém-nascido caracteriza-se por uma alta sensibilidade gustativa e tátil, em razão da grande quantidade de receptores sensoriais localizados nessa região. É essa sensibilidade elevada que lhe permite reconhecer o mamilo materno ou o bico da mamadeira.

A sucção nutritiva se inicia com o reflexo de procura. Quando os lábios ou as bochechas são estimulados, a criança move sua face em direção ao estímulo, quando ocorre abertura da boca e a protrusão da língua. A pega adequada da aréola e do mamilo é essencial para a movimentação correta das estruturas orais durante a mamada, e o lábio inferior deve estar evertido, possibilitando que a língua avance até a linha da gengiva. Quando o bebê suga apenas o mamilo, ocorre sucção ineficaz e há maior possibilidade de ocorrer rachadura mamilar.

A partir do momento em que ocorre a compressão do mamilo da mãe ou do bico da mamadeira, o reflexo da sucção é iniciado. A compressão é realizada pela contração do músculo orbicular dos lábios do recém-nascido. Essa compressão gera uma pressão positiva sobre o mamilo ou o bico da mamadeira que resulta no fluxo inicial de leite na boca. Particularmente no caso da sucção nutritiva por meio de mamadeira (aleitamento artificial), essa pressão pode gerar volumes superiores ao obtido pela amamentação. No entanto, a sucção associada à amamentação é um forte estímulo para manter a produção do leite materno.

Para ambos os tipos de sucção, é essencial que a criança estabeleça uma vedação hermética para evitar o escape de leite através das comissuras orais, o que resultaria em uma sucção nutritiva ineficiente. Inicialmente, quando a mandíbula se eleva, a ponta e o dorso da língua se movem para cima, comprimindo o mamilo contra o palato, de modo que a parte anterior da língua adere ao mamilo sem deixar espaço vazio entre língua, palato duro e superfície oral, enquanto a parte posterior realiza o selamento com o palato mole e com a faringe.

> **LEMBRETE**
>
> Tanto no aleitamento natural como no artificial, a retração da mandíbula e o movimento da língua são os fatores mais importantes para gerar apressão de sucção.

Nos primeiros 4 a 6 meses de vida do recém-nascido, não há dissociação entre os movimentos da língua e da mandíbula, sendo que essas estruturas realizam o movimento em conjunto. Quando o bebê retrai a mandíbula pela contração dos músculos supra-hióideos (digástrico, estiloióideo, milo-hióideo e genio-hióideo), ele movimenta a língua para trás.

> **SAIBA MAIS**
>
> Embora a pressão negativa intraoral contribua para a saída do leite do sistema canicular e glandular da mama, ela não age sozinha. A ejeção do leite materno resulta do reflexo de sucção que ocorre no lactente associado ao reflexo de aleitamento, também conhecido como reflexo de descida do leite, que ocorre na glândula mamária da mãe.

Os movimentos da língua necessários para gerar a sucção diferem de acordo com o tipo de aleitamento. No aleitamento natural, a língua forma um sulco central, com elevação das margens laterais, desencadeando uma rápida ampliação da cavidade oral que resulta em pressão negativa e auxilia na extração do leite. Dessa forma, o leite passa a ocupar o espaço entre o dorso da língua e o palato. Quando o leite se deposita sobre a língua, na região de transição entre o palato duro e o palato mole, entra em ação um movimento rítmico, direcionado da ponta para a raiz da língua, que conduz o leite para a orofaringe. No aleitamento artificial, os movimentos da língua imitam um pistão com movimentos alternados da ponta e base da língua.

A sucção estimula os receptores sensoriais nos mamilos, que enviam sinais nervosos ao hipotálamo. O hipotálamo, por sua vez, induz à liberação do neuro-hormônio ocitocina a partir da neuro-hipófise. Nas mamas em lactação, a ocitocina causa contrações das células mioepiteliais em volta das glândulas mamárias. Essa contração cria uma grande pressão cujo resultado é a ejeção do leite dentro da boca da criança.

Quando o leite é impulsionado para trás, inicia-se a fase de deglutição associada. Podem ocorrer até duas ou três sucções e, a seguir, há a deglutição do leite extraído. A ordenha é um esforço físico intenso, durante o qual o lactente não solta o seio materno, respirando exclusivamente pelo nariz, mantendo e reforçando o circuito de respiração nasal. Portanto, ao sugar o seio materno, o lactente estabelece o padrão correto de respiração e posiciona corretamente a língua sobre a papila, sincronizando precisamente a sucção e a deglutição. Portanto, considera-se que a sucção adequada é pré-requisito para a manutenção da respiração nasal.

O movimento completo da mandíbula e dos côndilos durante a ordenha possibilita a correção do retrognatismo mandibular fisiológico e proporciona a correta tonicidade muscular. Durante a sucção, a mandíbula se desloca para baixo e para a frente ao abrir e segue para trás e para cima ao fechar. Além de corrigir o retrognatismo mandibular, os movimentos de sucção ajudam a delinear a articulação temporomandibular.

No aleitamento artificial, feito com o uso de mamadeiras, o exercício muscular que leva à propulsão e à retrusão da mandíbula é comparativamente menor que o do aleitamento materno; consequentemente, o estímulo para o crescimento anteroposterior da mandíbula é diminuído. Na amamentação natural, o lactente executa de 2.000 a 3.500 movimentos mandibulares em 24 horas, enquanto na amamentação artificial os respectivos movimentos são executados entre 1.500 e 2.000 vezes.

A maioria das crianças com alterações de sucção nutritiva são prematuras e apresentam dano neurológico. Elas apresentam duas importantes alterações durante a sucção nutritiva: o processo é desorganizado por causa da imaturidade e de uma disfunção associada a um dano nas estruturas envolvidas no processo. Em um neonato normal, nascido a termo, as alterações de sucção nutritiva podem estar associadas a doenças que afetam o controle da sucção.

Várias terapias de suporte orossensorial e motor têm sido desenvolvidas para bebês normais e prematuros com alterações de sucção, e os resultados são encorajadores. No entanto, é necessária a detecção oportuna da sucção anormal. A avaliação da sucção nutritiva pode ser realizada mediante a utilização de escalas clínicas ou instrumentos mini-invasivos e é essencial para determinar se o alimento é transferido a partir da cavidade oral para o sistema digestivo, sem comprometer as vias aéreas durante a sucção nutritiva.

Após o nascimento, a sucção é realizada principalmente para a alimentação. A amamentação natural propicia benefícios nutricionais, imunológicos e psicológicos, além de promover o desenvolvimento morfológico e funcional adequado das estruturas

SAIBA MAIS

Além de ser fundamental à nutrição, o reflexo de sucção satisfaz as necessidades psicológicas do lactente, conferindo uma sensação confortável (aprendizado) importante e básica para uma série de outros comportamentos que se estabelecem no ser humano ao longo da vida. Essa sensação de prazer associada à sucção persiste e vai dar origem futuramente a outras sensações prazerosas, como o beijo.

ATENÇÃO

Durante a sucção do bico da mamadeira, ocorre trabalho muscular excessivo dos músculos orbiculares, o que pode causar o surgimento de alterações nas funções orais presentes e futuras (mastigação, fonação, persistência da deglutição infantil), levando ao desenvolvimento de assimetrias morfológicas como palato estreito e falta de desenvolvimento mandibular.

LEMBRETE

A sucção nutritiva normal e eficiente ocorre quando o recém-nascido obtém o alimento (leite) por meio de um processo rítmico que inclui sucção, respiração e deglutição sem asfixia e com um volume que garanta uma ingestão calórica suficiente para satisfazer as exigências metabólicas.

orais. No entanto, como o reflexo de preensão palmar desaparece a partir do terceiro ou quarto mês de vida, o recém-nascido passa a ter movimentos voluntários, facilitando, portanto, a aquisição de um hábito com características voluntárias que pode persistir, modificar-se ou desaparecer.

SUCÇÃO NÃO NUTRITIVA

A sucção não nutritiva tem como principal objetivo o prazer, e não envolve a captação de líquido. É considerada normal nos estágios iniciais de desenvolvimento até aproximadamente 2 anos de idade, persistindo como hábito indesejável em cerca de 30% das crianças em etapas posteriores.

A sucção realizada sem fins nutritivos e de forma repetitiva pode condicionar a instalação de hábito deletério como o de chupar o bico de uma mamadeira vazia, chupar chupeta ou chupar o dedo, possibilitando o surgimento de alterações morfológicas, funcionais e até mesmo de problemas psicológicos. A duração, a frequência e a intensidade desses hábitos influencia o desenvolvimento de maloclusões, embora a predisposição genética a essas alterações deva ser considerada. A sucção nutritiva por tempo prolongado de mamadeira com bicos longos e orifícios grandes, assim como a sucção não nutritiva de dedos ou chupetas, pode ser fator etiológico da deglutição atípica.

No entanto, tem-se observado que os hábitos de sucção não nutritivos se persistentes até 4 anos de idade não produzem efeitos deletérios permanentes à oclusão. De modo geral, há alteração vertical no segmento anterior dos arcos dentários, como a mordida aberta, caracterizada pela falta de contato dos dentes anteriores superiores e inferiores e aumento do trespasse horizontal, com protrusão dos superiores e inclinação para lingual dos inferiores. Pode ocorrer também alteração transversal, como a mordida cruzada posterior, devida à contração contínua das paredes bucais pela pressão negativa no interior da cavidade bucal. Tais efeitos prejudiciais da sucção não nutritiva dependem da duração, da frequência e da intensidade do hábito. As variáveis associadas são a posição do dedo ou da chupeta, as contrações musculares bucofaciais, a posição da mandíbula durante a sucção, o padrão esquelético da face e a força aplicada aos dentes e ao processo alveolar.

Se o hábito deletério persistir, maloclusões e alterações posturais de lábios, língua e bochechas podem se estabelecer, pois a sucção não nutritiva movimenta o complexo línguo-hióideo-mandibular para baixo. Esse deslocamento pode modificar os espaços aéreos posteriores, tendo como consequência respiração bucal, deglutição adaptada e alterações na mastigação e fonação.

A mordida aberta anterior causada pela duração excessiva da sucção não nutritiva está quase sempre associada à projeção anterior da língua durante a deglutição. Se houver interrupção do hábito deletério durante a fase dentição decídua, a mordida aberta pode se autocorrigir. Já a alteração transversal não se corrige espontaneamente.

LEMBRETE

A amamentação adequada contempla as exigências orgânicas e afetivas do lactente, diminuindo a necessidade de hábitos de sucção não nutritivos, como a sucção digital ou de chupeta. Tem sido demonstrada uma associação inversa entre o tempo de amamentação natural e o aumento da prevalência de hábitos de sucção não nutritiva.

ATENÇÃO

Na fase da dentição mista, quando os dentes decíduos são substituídos pelos sucessores permanentes e os molares estão em fase de irrupção, se houver continuidade do hábito de sucção, os efeitos deletérios serão agravados, sendo necessárias terapias ortodônticas e miofuncionais para o restabelecimento morfológico e funcional das estruturas associadas.

DEGLUTIÇÃO

DEGLUTIÇÃO NA INFÂNCIA

A deglutição inicia-se no útero, aproximadamente na 12ª e 13ª semana gestacional. Ao nascimento, evidencia-se a necessidade de coordenar as funções de sucção, deglutição e respiração. Assim, a deglutição na infância depende de uma rede complexa de atividades motoras e sensoriais que estão intrinsecamente relacionadas à maturação neurológica.

A deglutição na infância requer a coordenação adequada entre o movimento das estruturas da orofaringe, incluindo a língua, o palato mole, a faringe, a laringe e o esôfago. Os músculos envolvidos na sucção e na deglutição são inervados por ramos do V, VII, IX, X, XII nervos cranianos. O estímulo sensorial aferente para se iniciar a deglutição é o leite.

Na **fase oral** da deglutição, as almofadas de gordura proporcionam firmeza à face e promovem a estabilidade na sucção, porque o recém-nascido não tem a estabilidade mandibular necessária para uma sucção madura. Na **fase faríngea**, a coordenação entre sucção, deglutição e respiração reflete o papel do controle bulbar na deglutição, com interconexões entre o centro da deglutição e o centro respiratório. Na infância, observam-se curtos períodos respiratórios no momento da amamentação.

A **fase de transição** dos alimentos refere-se ao processo de deglutição da consistência líquida até atingir a mastigação e a deglutição de alimentos sólidos. O início da introdução da dieta pastosa se dá por volta do 6º mês de vida, com a introdução de sucos no copo e de alimentos pastosos, como sopa na consistência de purê. A principal modificação anatômica nessa idade é observada com o crescimento da mandíbula para baixo e para a frente e pelo aparecimento dos dentes. Inicialmente os bebês podem apresentar dificuldade para transportar o bolo alimentar posteriormente, resultando na presença de engasgos, tosse ou até perda de alimento para fora da boca.

Do 6º ao 9º mês, observa-se também um melhor fechamento labial e a lateralização da língua para a preparação do bolo alimentar. Com esse processo em desenvolvimento, inicia-se a introdução dos alimentos semissólidos que também auxiliarão no estímulo sensório-tátil. Do 9º ao 12º mês de vida ocorre maior controle para mastigar e coordenar os movimentos durante a alimentação. O desenvolvimento do processo de alimentação ocorre desde o nascimento e se completa aos 24 meses. Até a aquisição do padrão de deglutição adulto, por volta dos 4 anos, a criança estará aprimorando esse processo, que é estimulado principalmente pela introdução de alimentos de diferentes consistências e texturas.

A amamentação estimula a maturação neuromuscular e o desenvolvimento das estruturas craniofaciais, como a remodelação das ATMs, o crescimento da mandíbula e o consequente aumento do espaço intraoral, criando oportunidades para movimentos de língua mais complexos, com possibilidade de movimentos verticais, além de horizontais. Esse processo de maturação também possibilita a dissociação dos movimentos da língua, dos lábios e da mandíbula para o desempenho de funções orofaciais mais complexas, como a mastigação e a fala. Além disso, é por meio da sucção que a criança estabelece o padrão adequado de respiração nasal e a postura correta da língua. Tal processo culmina com um padrão de deglutição semelhante ao do adulto, por volta dos 4 anos de idade.

DEGLUTIÇÃO NO ADULTO

O padrão de deglutição adulto é atingido por volta dos 4 anos de idade, período em que as condições anatômicas da cavidade oral, associadas à maturação neuromuscular, possibilitam a execução de um novo padrão de acomodação e função da língua na cavidade oral durante o ato de engolir.

Apesar de ser classicamente dividida em três fases (oral, faríngea e esofágica), a deglutição pode ser estudada em até cinco fases, descritas a seguir. (Fig.6.2).

FASE PRÉ-ORAL OU ANTECIPATÓRIA: Está relacionada à cognição, à fome e às informações exteroceptivas provenientes do olfato e da visão, que excitam a salivação, assim como outros mecanismos importantes para a preparação, o transporte e a digestão do bolo alimentar.

FASE ORAL PREPARATÓRIA: Consiste em eventos voluntários e involuntários relacionados ao preparo do bolo alimentar para a deglutição, integrados à mastigação.

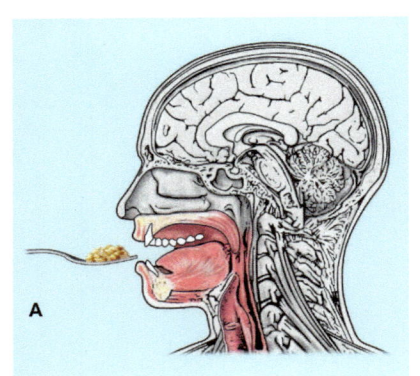

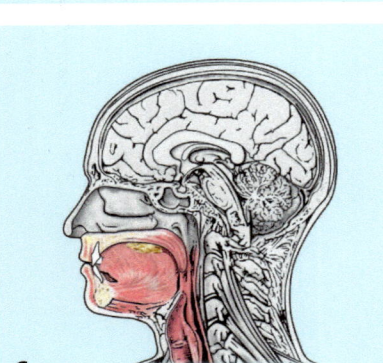

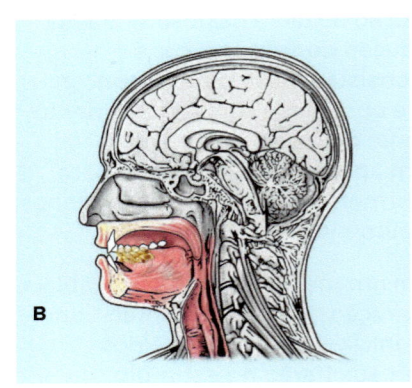

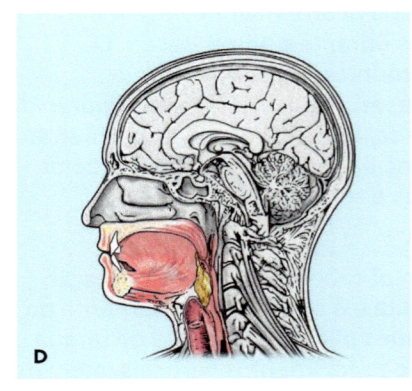

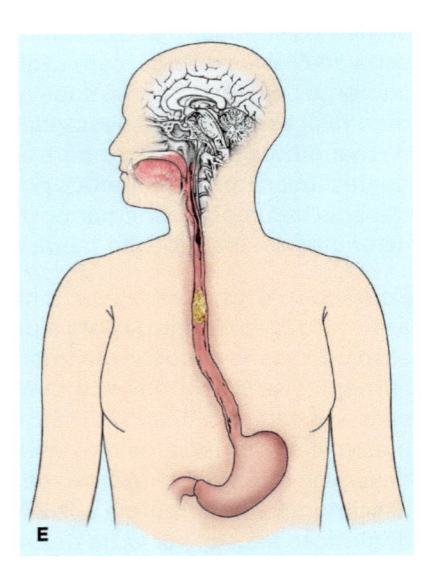

Figura 6.2 – Fases da deglutição: 1. fase pré-oral ou antecipatória; 2. fase oral preparatória; 3. fase lingua l; 4. fase faríngea; 5. fase esofágica. Imagens gentilmente cedidas por Rubens Kazuo Kato; Arte-finalista da Faculdade de Odontologia de Bauru (FOB-USP).

FASE LINGUAL: Nesta fase, a língua faz a ejeção do bolo alimentar da cavidade oral para a faringe, correspondendo à força propulsiva mais importante do processo.

FASE FARÍNGEA: Fase involuntária na qual as vias aéreas, superiores e inferiores, são protegidas por eventos que incluem o fechamento velofaríngeo, a elevação e o fechamento da laringe e pausa respiratória (apneia da deglutição) de aproximadamente um segundo, que acontece geralmente durante a expiração. É completada pelo fechamento do esfincter esofágico superior, que permanece assim até o próximo evento de deglutição.

FASE ESOFÁGICA: Esta fase também é involuntária e se inicia com o relaxamento e a abertura do esfincter esofágico inferior, permitindo a entrada do alimento no esôfago e seu transporte até o estômago.

O desempenho alcançado em uma fase da deglutição influenciará os resultados obtidos em fases subsequentes, o que evidencia a necessidade da compreensão dos aspectos morfológicos, proprioceptivos, exteroceptivos e neuromusculares relacionados a cada uma das diferentes fases da deglutição para diagnóstico e planejamento terapêutico efetivo de distúrbios da função.

De acordo com a divisão didática do processo da deglutição em cinco fases, descritas anteriormente, evidencia-se a complexidade do processo. A fase oral preparatória do padrão de deglutição no adulto pode ser subdivida, ainda, em quatro estágios, conforme apresentado no Quadro 6.1.

É na fase oral que observamos características funcionais distintas da normalidade que podem ser classificadas em deglutição atípica ou deglutição adaptada. A deglutição adaptada acontece na presença de alterações oclusais, como nos caso de mordida aberta anterior, má-oclusões dentárias ou esqueléticas e/ou ausência de dentes, sendo possível observar movimentos posteroanteriores e interposição dental de língua durante a deglutição. Tais características funcionais são adaptações à forma alterada; portanto, nesses casos, sem a correção da forma, não há função adequada.

> **LEMBRETE**
>
> A saliva é importante não apenas para o processo digestivo atribuído à enzima amilase salivar, mas também para a eficácia das diferentes fases da deglutição, uma vez que a mesma atua como solvente, favorecendo a gustação, auxiliando, ainda, na formação e lubrificação do bolo alimentar devido à presença de mucina.

> **Deglutição atípica**
>
> Movimentação inadequada da língua e/ou de outras estruturas que participam da fase oral da deglutição, sem que haja alterações morfológicas na cavidade oral, como os casos de alteração de tônus, de mobilidade e de sensibilidade orofacial.

QUADRO 6.1 – Estágios da fase oral preparatória de deglutição no adulto

Estágio de preparo	Período em que o alimento é insalivado e triturado durante a mastigação.
Estágio de qualificação	Tem início juntamente com o de preparo, envolvendo a percepção do bolo alimentar em seu volume, consistência, densidade, grau de umidificação e outras características físicas e químicas.
Estágio de organização	Neste período, o bolo alimentar é posicionado sobre o dorso da língua, e as estruturas osteomusculoarticulares organizam-se para a ejeção.
Estágio de ejeção	Correspondente à fase lingual descrita anteriormente, na qual ocorre a conformação das paredes orais e a projeção posterior da língua, gerando pressão propulsiva, conduzindo o bolo e transferindo pressão para a faringe.

A manutenção de um padrão de deglutição alterado pode ocasionar alterações oclusais, principalmente quando há posicionamento interdental da língua, uma vez que a deglutição é uma função realizada com grande frequência durante todo o dia. A deglutição atípica e outras alterações funcionais muitas vezes são encontradas em indivíduos que, após correção morfológica, mantêm padrões alterados adquiridos anteriormente. O dentista deve estar atento a esse fato, pois é fundamental que as funções estomatognáticas estejam adequadas, evitando possíveis recidivas.

DEGLUTIÇÃO NO IDOSO

Presbifagia
Adaptações no processo de deglutição em idosos saudáveis derivadas das mudanças fisiológicas nesta fase da vida.

As mudanças fisiológicas na deglutição resultantes do processo de envelhecimento propiciam alto risco para disfagia orofaríngea. No entanto, idosos saudáveis mantêm a sua funcionalidade, compensando as perdas causadas pelo envelhecimento natural do mecanismo de deglutição e ajustando-se gradativamente a tais modificações, permitindo uma alimentação segura. Tais modificações envolvem lentidão do trânsito orofaríngeo do bolo alimentar, atraso no início da fase faríngea da deglutição, diminuição da sensibilidade faríngea e supraglótica, bem como redução da abertura do esfincter esofágico superior durante a deglutição.

Entre os idosos que possuem dentes naturais, os problemas estão relacionados aos aspectos periodontais, que tornam os dentes pouco firmes e a mastigação extremamente difícil. Com o envelhecimento, também há diminuição da produção salivar e modificação da sua qualidade, o que gera prejuízos na preparação e coesão de bolo alimentar e no processo digestório, além de estar correlacionada aos problemas de saúde oral.

Com a perda dos dentes, ocorre a diminuição da força de mordida e da eficiência mastigatória, prejudicando a fase oral preparatória da deglutição. No caso de usuários de próteses totais removíveis, além da falta dos receptores periodontais, que contribuem para o controle da motricidade orofacial, há a redução da informação aferente sensitiva para o controle da função, uma vez que os mecanorreceptores da mucosa se encontram recobertos pela resina acrílica da prótese. Além disso, em casos reabilitados com próteses totais, há a necessidade de adaptação da língua à nova condição morfológica oral, sendo que tais fatores podem reduzir a força propulsiva da língua sobre o bolo alimentar, com impacto na fase faríngea da deglutição.

A reabsorção contínua do osso alveolar dificulta a estabilidade das próteses totais removíveis durante a execução das funções orofaciais, incluindo a mastigação, a deglutição e a fala. Assim, a fixação de próteses totais removíveis mal adaptadas ao arco mandibular resulta em diminuição das queixas de dificuldades de mastigação e deglutição em idosos saudáveis, com melhora da tonicidade da musculatura orofacial e da fase oral da deglutição de alimento sólido, assim como do estado nutricional desses indivíduos.

Deve-se considerar, ainda, a alta incidência do acidente vascular encefálico em idosos, que pode ocasionar sequelas motoras e de sensibilidade orofacial, prejudicando o desempenho das funções de mastigação, deglutição e fala. Nessa população, a incapacidade de controlar as dentaduras pela falta de retenção feita pela musculatura em disfunção compromete ainda mais as funções orofaciais, sendo a deglutição influenciada pelo número de dentes, pelo tipo de reabilitação oral empregada e pela necessidade de uso ou substituição das próteses dentárias. Em casos neurológicos, com prejuízos significativos no controle motor oral, a reabilitação por meio de próteses fixas sobre implantes tem se mostrado a melhor opção de tratamento em relação aos resultados funcionais.

> **LEMBRETE**
>
> O trabalho interdisciplinar entre a fonoaudiologia e a odontologia é fundamental para a melhor adaptação do idoso em relação ao uso de próteses dentárias. A reabilitação protética eficaz promove o restabelecimento das condições orais ideais do paciente, com consequente melhora de sua qualidade de vida.

CONTROLE NEURAL DA DEGLUTIÇÃO

A deglutição é uma função complexa que integra os sistemas digestório e respiratório. Muitos músculos são excitados ou inibidos sequencialmente para a sua execução, sob o comando de diferentes níveis do sistema nervoso central e periférico. A organização do sistema nervoso para o ato da deglutição envolve a porção cortical ascendente e descendente, o tronco cerebral e as vias periféricas.

A **fase pré-oral ou antecipatória** da deglutição consiste na identificação de impulsos básicos, como a fome e a saciedade, além da identificação e do reconhecimento das características físico-químicas dos alimentos, associada à ativação dos centros da memória, do prazer alimentar ou até mesmo da memória afetiva envolvida na alimentação. Pode-se observar também, nessa fase, a resposta reflexa de aumento da salivação pelo estímulo visual e olfativo de um prato com alimento de aparência e odor agradáveis.

O centro da fome está localizado no hipotálamo lateral e parece envolver o feixe do prosencéfalo medial (trajeto dopaminérgio). Já o centro de saciedade está localizado no hipotálamo ventromedial, onde recebe as informações sensoriais provenientes dos órgãos digestivos por meio do nervo vago.

A fome é influenciada pelo hormônio colecistominina, que inibe a alimentação. A leptina é um importante hormônio da saciedade, e até o momento se sabe que seu alvo cerebral são os neurônios do núcleo arqueado do hipotálamo, os quais contêm um peptídeo hipotalâmico, o neuropeptídeo Y, que se projeta para o núcleo periventricular.

> **SAIBA MAIS**
>
> Entre os fatores que controlam o consumo alimentar, destacam-se os neurônios no hipotálamo e os sistemas hormonais. Os neurônios no hipotálamo são sensíveis a aspectos como nível de glicose sanguínea, sabor dos alimentos e hora do dia. Já os sistemas hormonais desempenham um papel-chave no controle da fome e da saciedade.

O reconhecimento das características físico-químicas do alimento, auxiliado pela ativação da memória visual e afetiva, permite que ocorra a adequada forma de introdução do alimento, bem como a ação motora correspondente às características deste. Por exemplo, o oferecimento de um alimento duro, como pé de moleque, remete à necessidade de quebra do alimento com os molares e de mastigação com maior força, a fim de possibilitar a quebra em pedaços menores; já o oferecimento de um pudim de leite remete à necessidade de introdução do alimento por meio de uma colher sobre a língua, sem a necessidade de mastigação vigorosa.

A **fase preparatória** de deglutição é o momento seguinte ao do reconhecimento das características gerais do alimento, sendo caracterizada pela mastigação, trituração e pulverização do bolo alimentar. A introdução do bolo alimentar na cavidade oral estimula as vias aferentes sensitivas táteis e gustativas. Assim, os impulsos sensoriais são transmitidos ao núcleo do trato solitário por intermédio dos pares de nervos cranianos V, VII e IX. As regiões do córtex cerebral ativas durante as fases preparatória (oral e lingual da deglutição) são o córtex insular, com conexões com o córtex motor primário e suplementar, o opérculo orbitofrontal e a porção medial e superior do giro do cíngulo anterior. Assim, a resposta eferente será estimulada pelos pares de nervos cranianos V, VII, IX, X, XI e XII.

Já a **fase faríngea** da deglutição é iniciada pelos impulsos sensoriais resultantes da estimulação dos receptores localizados nas estruturas da orofaringe (fauces, tonsilas, palato mole, base de língua, parede posterior da faringe e porção anterior da epiglote). O impulso sensorial atinge o núcleo do trato solitário pelos pares de nervos cranianos VII, IX e X.

Autores descrevem a existência de um centro da deglutição, constituído por núcleos aferentes e eferentes em conexões interneuronais com o centro respiratório localizado no tronco cerebral ao nível do quarto ventrículo. Com base nas evidências atuais, o controle neural no centro da deglutição envolve estruturas supramedulares, como bulbo, ponte, mesencéfalo, além do córtex cerebral e sistema límbico.

SAIBA MAIS

Acredita-se que, durante a deglutição, ocorram conexões supranucleares com o centro da deglutição no tronco cerebral, a fim de continuar, modificar e monitorar a atividade quando necessário, podendo propiciar diferente resposta motora de acordo com o estímulo sensorial. Esse fato pode ser observado na presença de entrada de saliva ou pedaço de alimento na região do vestíbulo laríngeo, provocando a resposta motora de tosse, a fim de eliminar o alimento da via aérea.

CONSIDERAÇÕES FINAIS

Os movimentos reflexivos de sucção e deglutição, associados à respiração, vão sendo refinados com o passar do tempo. Com a chegada dos dentes decíduos, inicia-se a maturação neural para a próxima função, a mastigação. O aleitamento materno, além dos benefícios nutricionais, imunológicos, emocionais e socioeconômicos, também tem efeitos positivos na saúde odontológica e fonoaudiológica, uma vez que está relacionado ao crescimento e desenvolvimento craniofacial e motor-oral do recém-nascido.

Há uma estreita relação entre a morfologia do sistema estomatognático e a função de deglutição nas diferentes etapas do processo de desenvolvimento e envelhecimento, sendo de fundamental importância o conhecimento sobre a fisiologia da deglutição e os procedimentos de diagnóstico e tratamento odontológico. Fica evidente, também, a necessidade de uma abordagem interdisciplinar, contemplando não apenas a participação do dentista e do fonoaudiólogo, mas também do médico, do nutricionista e do psicólogo, possibilitando uma abordagem integral do indivíduo.

AGRADECIMENTOS

Ao grupo de pesquisa em envelhecimento e disfagia orofaríngea do Programa de Pós-Graduação da Faculdade de Odontologia de Bauru/USP, pela possibilidade de estudar aspectos fisiológicos envolvidos na deglutição de modo interdisciplinar entre a odontologia e a fonoaudiologia.

Bases fisiológicas da oclusão dentária

CARLOS AMILCAR PARADA
CLÁUDIA HERRERA TAMBELI

Nos últimos anos, com o desenvolvimento da neurociência, os mecanismos envolvidos nas funções orais, sobretudo aqueles relacionados aos seus aspectos neurofisiológicos, têm sido mais bem compreendidos. Isso tem ajudado os profissionais da saúde a entender o desenvolvimento das estruturas e funções do sistema estomatognático e, assim, prevenir problemas de maloclusão dentária e disfunções das articulações temporomandibulares (ATMs).

Várias funções do sistema estomatognático, incluindo a mastigação, dependem essencialmente de uma inter-relação entre os dentes da arcada superior e os dentes da arcada inferior. Essa inter-relação é genericamente chamada de "oclusão dentária", pois pode ser parcialmente avaliada quando se fecha a boca cerrando-se os dentes inferiores contra os superiores. Porém, para compreendermos melhor as funções do sistema estomatognático, devemos ampliar o conceito de oclusão dentária para além da inter-relação anatômica entre os dentes superiores e inferiores, considerando também os aspectos funcionais envolvidos.

Embora a boca seja essencialmente um órgão do sistema digestório, a compreensão das funções do sistema estomatognático, em particular da oclusão dentária, requer um conhecimento sobre os sistemas somatossensorial e motor. A mastigação apresenta aspectos funcionais bem conservados durante o processo evolutivo, mas o sistema estomatognático dos seres humanos é responsável por uma importante função adicional: a fala articulada. Essa função origina-se de uma integração sensório-motora refinada e complexa realizada pelo sistema nervoso central (SNC), que influencia direta ou indiretamente o controle de todas as outras funções orais.

A mastigação, em ultima análise, é a digestão mecânica dos alimentos e compreende a etapa inicial do processamento alimentar realizado pelo sistema estomatognático. Para realizar a digestão mecânica dos alimentos, a boca exerce funções sensório-motoras complexas

Oclusão dentária

Posicionamento da mandíbula em relação à maxila superior necessário para o desempenho eficiente das funções orais, particularmente a mastigação.

LEMBRETE

A compreensão dos aspectos neurofuncionais envolvidos no posicionamento da mandíbula em relação à maxila tem sido considerada a chave para o diagnóstico e o tratamento dos problemas envolvendo oclusão dentária.

integradas e coordenadas pelo SNC. No caso específico do sistema estomatognático, essas funções são coordenadas pelo núcleo mesencefálico do trigêmeo, responsável pelo processamento das informações proprioceptivas, das ATMs, dos músculos, dos tendões e do periodonto.

No córtex cerebral existe uma área de representação das diferentes regiões corporais referente a correspondência de regiões corticais cerebrais com áreas do corpo humano. No homem, tal como em todos os outros mamíferos, as estruturas que compõem o sistema estomatognático são altamente representadas tanto no córtex sensorial quanto no córtex motor. Essa notável representação cortical denota o refinamento sensorial e motor das estruturas orais necessário para que ocorra o comportamento inato da amamentação.

PROPRIOCEPÇÃO DO SISTEMA ESTOMATOGNÁTICO E DESENVOLVIMENTO DA OCLUSÃO DENTÁRIA

SAIBA MAIS

O termo propriocepção foi introduzido por Sherrington, em 1906. Ele o definiu como um sistema reflexo para a manutenção da posição corporal e a coordenação do movimento.[1]

LEMBRETE

A oclusão dentária é resultado do equilíbrio entre os tônus dos vários músculos do sistema estomatognático, determinando assim uma posição ideal dos dentes inferiores em relação aos dentes superiores.

Estomatognosia proprioceptiva

Capacidade do SNC de integrar o conjunto de informações sensoriais do sistema estomatognático para avaliar variações espaciais da cavidade oral, controlando os movimentos tridimensionais da mandíbula.

A integração sensório-motora é o principal mecanismo envolvido no desenvolvimento da oclusão dentária. As informações provenientes dos receptores encontrados na mucosa, nas ATMs, nos músculos, nos tendões e no periodonto são fundamentais para a organização funcional do sistema estomatognático.

Embora exista uma confusão natural entre propriocepção e outras sensações somáticas, a sensibilidade proprioceptiva estomatognática é proveniente da estimulação de receptores articulares, musculotendíneos e periodontais. No sistema sensorial trigeminal, enquanto as sensações somáticas (p. ex., tato e dor) são enviadas para os núcleos trigeminais (núcleo principal e núcleos do trato espinal, respectivamente), as informações proprioceptivas são enviadas para o núcleo mesencefálico (Fig. 7.1). O núcleo mesencefálico recebe informações proprioceptivas vindas dos dentes, da ATM, dos músculos e dos tendões. Tais informações são processadas e integradas nos núcleos supratrigeminal, motor do trigêmeo, núcleo do nervo hipoglosso e núcleo do nervo facial. Essa resposta motora integrada estabelece o tônus muscular do sistema estomatognático, que será o ponto de partida para as atividades musculares durante funções como mastigação, deglutição e articulação dos fonemas.

Embora o núcleo motor do trigêmeo tenha como principal aferente os neurônios provenientes de outras regiões do SNC, como do núcleo principal, do subnúcleo oral, do subnúcleo interpolar e do núcleo supratrigeminal, ele integra os principais núcleos motores do tronco encefálico, como os núcleos facial e hipoglosso ipsilaterais, além das projeções do próprio núcleo motor do trigêmeo ipsilateral e contralateral. Essa inter-relação do núcleo motor do trigêmeo com outras estruturas do SNC não classicamente relacionadas com o

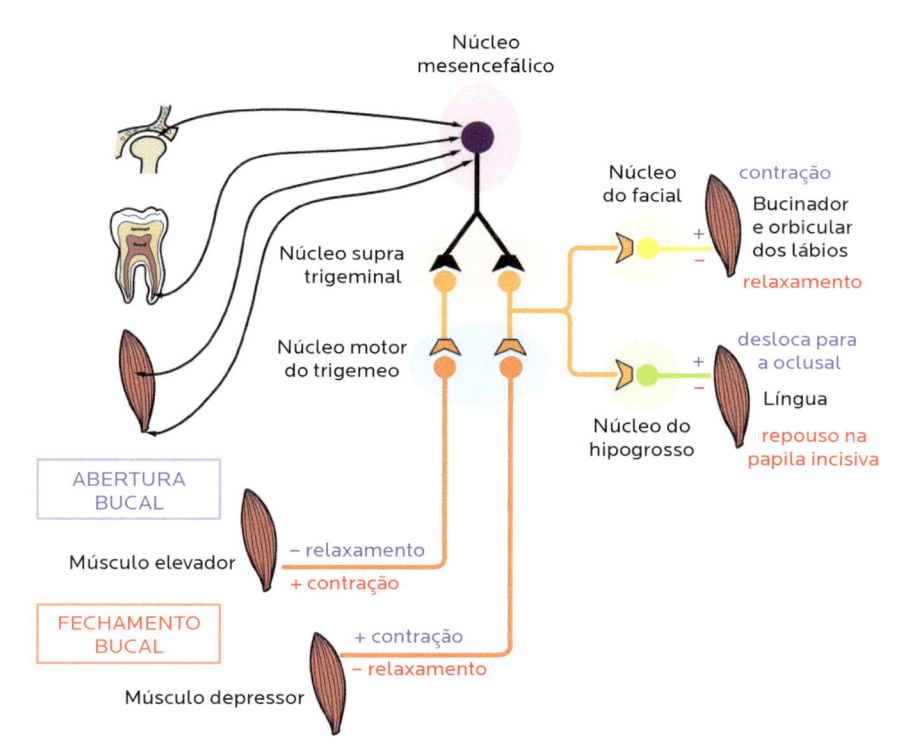

Figura 7.1 – Papel do núcleo mesencefálico do tônus muscular.

controle motor demonstra a grande influência de outras funções neuronais no comportamento motor do sistema estomatognático.

A informação sensorial orofacial é transmitida essencialmente pelos três ramos do nervo trigêmeo. No tronco cerebral, o complexo nuclear sensorial trigeminal se estende dos primeiros segmentos cervicais até o limite caudal do mesencéfalo. No sentido rostrocaudal, ele é constituído pelo núcleo sensorial principal e pelo núcleo do trato espinal do trigêmeo. O núcleo espinal é um prolongamento do corno dorsal da medula espinal. Da porção mais rostral à porção mais caudal, divide-se em subnúcleo oral, interpolar e caudal. Embora o subnúcleo caudal seja o mais extensamente estudado e conhecido, todo o complexo sensitivo nuclear trigeminal recebe aferências de neurônios periféricos.

As informações proprioceptivas são transduzidas por proprioceptores encontrados nas estruturas do sistema estomatognático. De certa forma, todos os proprioceptores participam do controle da postura e dos movimentos da mandíbula, e portanto são importantes para o desenvolvimento e a manutenção da oclusão dentária. Porém, enquanto na mastigação os proprioceptores musculotendíneos e articulares são os mais ativos, na oclusão dentária os proprioceptores periodontais parecem ser os mais representativos.

PROPRIOCEPTORES DO PERIODONTO

O ligamento periodontal possui um grande número de proprioceptores. Muitos mecanorreceptores, geralmente excitados pelo deslocamento do dente dentro do alvéolo, estão dispostos de forma adjacente às fibras periodontais, e a pressão aplicada sobre o dente é transferida a essas fibras, que, distendidas, possibilitam a excitação desses mecanorreceptores.

> Os mecanorreceptores periodontais são muito sensíveis, a ponto de detectar uma pressão de 0,7g transmitida nas fibras periodontais.

Não menos sensível é a capacidade dos mecanorreceptores periodontais em discriminar volumes. Em um indivíduo com oclusão dentária normal, os mecanorreceptores periodontais detectam a presença de partículas de 0,2mm de espessura entre os incisivos e até mesmo de 0,02mm entre os dentes posteriores.

> Em indivíduos com oclusão deficiente ou portadores de próteses dentária, a percepção de partículas entre os dentes diminui significativamente. Por exemplo, durante a mastigação normal de um indivíduo com dentes naturais, o limiar de detecção de partículas entre os dentes é da ordem de 0,7mm de diâmetro, porém este valor dobra em portadores de prótese.

SAIBA MAIS

Quando o dente não recebe nenhum tipo de força sobre a superfície oclusal, a posição espacial de repouso do ligamento periodontal é ondulatória. Assim, os mecanorreceptores são estimulados pela deformação do padrão ondulado da fibra periodontal, ou seja, pela tensão da fibra quando pressão é aplicada ao dente.

LEMBRETE

Os mecanorreceptores periodontais controlam, por via reflexa, a intensidade da contração muscular e a consequente força gerada na superfície oclusal. São também importantes para a posição postural de repouso da mandíbula, uma vez que são estimulados de maneira maciça quando ocorre a deglutição adulta.

A sensibilidade periodontal permite adaptar de modo reflexo a intensidade e a amplitude da contração dos músculos elevadores da mandíbula. Dois tipos de mecanorreceptores são encontrados no periodonto: os mecanorreceptores simples e os compostos. Ambos participam do controle motor dos músculos mandibulares.

O estiramento do periodonto é consequência da força transmitida a ele. Quanto mais duro for o alimento, maior será a força transmitida ao periodonto em razão da resistência à deformidade do alimento, mas maior será também a necessidade de aumentar a força de contração da musculatura. Consequentemente, quanto maior for o estiramento do periodonto, maior será a força muscular aplicada no alimento até que este seja triturado, diminuindo a transmissão da força no ligamento periodontal e a contração dos músculos elevadores da mandíbula.

Desse modo, quanto mais estirado estiver o ligamento periodontal, maior será a excitação dos mecanorreceptores, e mais intensa a contração muscular. Contudo, se a partícula for extremamente dura (p. ex., metálica), ocasionará uma deformação exagerada do ligamento periodontal, estimulando mecanorreceptores de alto limiar e adaptação rápida encontrados no anel periodontal terminal, provocando a inibição reflexa da musculatura elevadora da mandíbula.

PROPRIOCEPTORES ARTICULARES E MUSCULOTENDÍNEOS

Embora em um grau menor, os proprioceptores articulares e musculotendíneos também participam do desenvolvimento da oclusão dentária. As ATMs contêm uma densa população de mecanorreceptores que respondem às variações na tensão das diferentes partes da cápsula articular. Esses mecanorreceptores controlam e coordenam reflexamente os músculos que operam sobre a articulação e são, portanto, considerados proprioceptores que contribuem para a percepção do posicionamento da mandíbula durante a oclusão dentária e da direção e da velocidade dos movimentos da mandíbula durante uma função habitual do sistema estomatognático. Até mesmo a discriminação do tamanho e da resistência de objetos interpostos entre os dentes tem sido considerada uma função desses receptores articulares.

Segundo a classificação de Greenfield e Wyke,[2] existem quatro tipos básicos de receptores na ATM. As aferências originadas nesses receptores são transmitidas pelos nervos articulares de origem trigeminal, como o auriculotemporal, o massetérico e os temporais profundos.

Os **mecanorreceptores do tipo I** são receptores finamente recobertos pela cápsula articular, de baixo limiar e adaptação lenta. Contribuem principalmente para o controle do tônus dos músculos mastigatórios, sendo responsáveis pelas variações observadas na posição mandibular, e são muito importantes para a oclusão dentária.

A coordenação reflexa recíproca dos músculos mandibulares, responsável pela contração dos músculos agonistas e pelo relaxamento dos antagonistas, é devida à estimulação dos receptores tipo I. Eles são também responsáveis pelo controle da direção e velocidade dos movimentos mandibulares, porém sua principal função, juntamente com os proprioceptores periodontais, é contribuir para desenvolvimento da oclusão dentária.

Os **mecanorreceptores do tipo II** estão em maior número na ATM do que em qualquer outra articulação do corpo. São encontrados principalmente na cápsula e nos ligamentos articulares. Como apresentam rápida adaptação, funcionam apenas no início do movimento. Possuem baixo limiar de excitabilidade e determinam ajustes fásicos da musculatura durante os movimentos mandibulares.

Os **mecanorreceptores do tipo III**, presentes no ligamento lateral de cada articulação e em ligamentos acessórios, como o estilomandibular, podem ser considerados análogos aos órgãos tendinosos de Golgi. Localizados no tendão do músculo esquelético, são excitados apenas quando a cápsula é excessivamente deformada ou deslocada. Sua função é inibir a musculatura, protegendo a cápsula articular de traumas devidos a deformações excessivas. Apresentam alto limiar de excitabilidade e adaptação rápida.

Os **receptores do tipo IV** são nociceptores e se encontram difusos na cápsula articular. Eles transduzem estímulos nociceptivos e, portanto, apresentam alto limiar de excitabilidade e não se adaptam. Estão associados à percepção dolorosa da ATM e à contração reflexa protetora simultânea dos músculos elevadores e depressores da mandíbula, induzindo respostas tônicas dos músculos mastigatórios e provocando, assim, trismo e dor muscular.

Os receptores proprioceptivos musculotendilíneos envolvidos na propriocepção da musculatura esquelética são o fuso muscular e o órgão tendinoso de Golgi e geralmente são encontrados em grande número na musculatura esquelética do sistema estomatognático. O controle apropriado das funções musculares requer um *feedback*

Fusos musculares

Receptores intramusculares que respondem ao estiramento do músculo, enviando informações sobre o estiramento das fibras musculares.

contínuo das informações sensoriais. Esse mecanismo permite um ajuste constante da contração muscular.

O **fuso muscular** é uma pequena estrutura alongada, disposta paralelamente às fibras contráteis extrafusais. Está envolto por uma bainha de tecido conjuntivo e consiste em um conjunto de pequenas fibras intrafusais dispostas paralelamente às fibras extrafusais. As fibras intrafusais são pequenas fibras musculares modificadas, que não possuem miofibrilas em sua porção central, a qual funciona como receptor sensorial. As extremidades dessas fibras contêm miofilamentos que se contraem quando estimulados pelos neurônios gama, essa contração intrafusal alonga a porção central da fibra estimulando o neurônio sensitivo.

Os fusos possuem uma inervação sensorial própria que, quando estimulada, leva a informação desses receptores ao SNC. A resposta motora é transmitida por dois tipos de fibras eferentes:

- neurônios motores alfa, que inervam as fibras extrafusais e são responsáveis pela contração muscular;
- neurônios motores gama, bem menores, que inervam as fibras intrafusais.

LEMBRETE

A integração medular estimula os motoneurônios, mantendo assim um tônus muscular (um grau mínimo de contração), o qual é mantido praticamente constante.

Cada vez que o músculo é estirado, também ocorre estiramento das fibras intrafusais, estimulando o receptor. Durante a contração do músculo, poderia ser esperado que o impulso aferente dos fusos diminuísse ou até cessasse, porém isso não ocorre. Quando os motoneurônios alfa das fibras extrafusais são ativados para contração muscular, os motoneurônios gama intrafusais são concomitantemente ativados (coativação alfa-gama), promovendo a contração das extremidades contráteis das fibras intrafusais. Isso alonga a parte central do fuso, mantendo-o excitado, e permite o monitoramento da tensão muscular. Por isso, os neurônios sensitivos fusais são tonicamente estimulados, com maior ou menor grau, dependendo do comprimento da fibra intrafusal.

SAIBA MAIS

Enquanto os fusos são responsáveis pelo registro do comprimento do músculo, os órgãos tendinosos registram a tensão muscular desenvolvida em seu tendão de inserção. Quando há um aumento acentuado na tensão, ocorre inibição dos motoneurônios agonistas, levando ao relaxamento muscular.

Os **órgãos tendinosos de Golgi** são estruturas localizadas nos tendões das inserções dos músculos. Consistem em um conjunto de pequenas fibras musculares envolvidas por cápsula de tecido conjuntivo que estão dispostas em série às demais fibras contráteis musculares. Essa disposição é a principal diferença entre os fusos musculares e os órgãos tendinosos de Golgi, causando um padrão de descarga diferente quando o músculo é contraído. Quando o músculo se contrai isometricamente, a frequência de descargas nos fusos é próxima à basal, porém os receptores tendinosos são estimulados, uma vez que eles respondem à tensão no tendão.

OCLUSÃO DENTÁRIA COMO RESULTADO DA ESTOMATOGNOSIA PROPRIOCEPTIVA

A posição oclusal é determinada pelo equilíbrio entre os tônus dos músculos que movimentam a mandíbula (elevadores, depressores e de lateralidade), dos orbiculares dos lábios e da musculatura da língua. Para o estabelecimento de uma postura oclusal, contribuem aferências dos proprioceptores periodontais, da ATM e dos músculos mandibulares.

A propriocepção espacial da boca, que cria um mapa postural da cavidade oral no SNC, é essencial para a integração do sinal motor que irá estabelecer os limites funcionais da mastigação e mesmo da fala. É graças a esse "limite" postural funcional que conseguimos mastigar os alimentos sem tocar os dentes e sem morder os lábios ou as bochechas, bem como movimentar os lábios e a língua para articular os sons das palavras sem tocar os dentes e sem alterar o tônus da musculatura elevadora da mandíbula. Esse limite postural funcional do sistema estomatognático, dado principalmente pelo surgimento dos dentes e da deglutição adulta, determinará, em ultima análise, o plano oclusal dos próprios dentes.

PARA PENSAR

Embora a estimulação dos receptores periodontais pareça ser a mais importante, o universo espacial da cavidade oral é dado pela atividade conjunta de todos os proprioceptores do sistema estomatognático.

A RELAÇÃO MAXILOMANDIBULAR NO LACTENTE

As modificações dos processos alimentares desde o nascimento até a fase adulta são muito importantes no desenvolvimento da oclusão. Pode-se dizer que a oclusão é o resultado de modificações de processos que ocorrem desde o nascimento até a mastigação propriamente dita.

Durante a vida intrauterina, o alimento e o oxigênio vêm do sangue da mãe pelo cordão umbilical. Quando o oxigênio e o alimento não são mais fornecidos "de graça", a criança deve dar conta de obtê-los, mesmo que não tenha condições de fazer isso sozinha. O sistema nervoso, que essencialmente tem a função de coordenar o relacionamento do organismo com o meio, ainda não está completamente desenvolvido no recém-nascido, mas é ele que promove o ato da amamentação.

O fato de o sistema nervoso completar o seu desenvolvimento após o nascimento melhora a adaptação do indivíduo ao meio, pois permite que haja influência do meio no desenvolvimento neurológico.

A amamentação é, portanto, um comportamento inato e reflexo de certa forma facilitado pela grande quantidade de informações sensoriais que partem das terminações aferentes dos lábios e da língua e se integram no SNC, o qual coordena uma série de atividades musculares sincronizadas do sistema estomatognático.

A amamentação basicamente é composta de dois comportamentos musculares distintos: a **sucção** e a **deglutição** do leite materno. Com a finalidade de reforçar a busca pelo alimento, fundamental para a sobrevivência, a amamentação é um comportamento com caráter prazeroso que estimula sistemas de recompensa no cérebro da criança associados ao saciamento da fome. Mais que o prazer de saciar a fome, o comportamento de sucção confere à criança uma sensação confortável e prazerosa. Por conta disso, comumente a criança se sente confortável e calma com a sucção da chupeta.

As atividades musculares da sucção e da deglutição associadas à amamentação (deglutição infantil) são coordenadas pelo nervo facial (um nervo estritamente motor) e envolvem principalmente os músculos labiais, mentoniano e bucinador. A deglutição associada à mastigação (deglutição adulta) é mediada pelo nervo trigêmeo, que é um nervo misto (sensorial e motor).

Como será discutido mais adiante, a oclusão dentária relacionada com a mastigação está intimamente associada à deglutição adulta. Durante a fase de amamentação, por não existir ainda a arcada dentária, a mandíbula e a maxila se relacionam tendo como base os roletes gengivais. Nessa fase, a relação maxilomandibular está intimamente relacionada com a deglutição infantil.

Embora não haja dentes na cavidade oral, os mecanismos neuronais que vão determinar a oclusão dental já existem e estão, neste momento do desenvolvimento do sistema estomatognático, em função do posicionamento da mandíbula em relação à maxila ideal para a realização da ordenha do leite materno, ou seja, movimentos repetidos e sincronizados de sucção e deglutição.

Durante a fase de amamentação, a estrutura do sistema estomatognático, sobretudo da mandíbula, é bem diferente da estrutura do sistema estomatognático para a mastigação. No lactente, as ATMs são mais planas, apropriadas para a ordenha do leite, que basicamente requer o movimento anteroposterior da mandíbula. O movimento de abertura e fechamento da mandíbula é bem mais discreto nessa fase, ao contrário do que ocorrerá na mastigação, e o ramo mandibular é bem curto, de modo que o eixo entre a região mentoniana e a ATM é quase paralelo ao arco zigomático. Essa configuração do sistema estomatognático é apropriada para a realização de constantes movimentos anteroposteriores da mandíbula, como mostrado na Figura 7.1. Nessa fase, durante a deglutição, a língua realiza movimentos ondulatórios a partir de sua interposição entre os roletes gengivais.

Informações sensoriais provenientes principalmente dos lábios, dos roletes gengivais e das ATMs, necessárias para o controle motor refinado durante a amamentação, são fundamentais para a determinação do tônus muscular. Este, em última análise, determina o posicionamento da mandíbula em relação à maxila nessa fase do desenvolvimento do sistema estomatognático.

DA AMAMENTAÇÃO À MASTIGAÇÃO

Durante a amamentação, os lábios selam-se no seio materno, e o mamilo é pressionado pelos roletes gengivais. A mandíbula apenas executa movimentos anteroposteriores, favorecendo a ordenha do leite, e a língua movimenta-se de modo ondulatório para empurrar o leite até a faringe.

Na amamentação, a criança respira apenas pelo nariz. As informações sensoriais são transmitidas pelo nervo trigêmeo (V), e o comportamento motor, pelo nervo facial (VII). Embora os movimentos anteroposteriores da mandíbula sejam inatos e reflexos, seu ajuste refinado necessário para a amamentação no seio materno deve passar por um processo de aprendizado. Tal processo é reforçado por um sistema de recompensa estimulado no SNC, a fim de motivar o ato da amamentação. Portanto, os movimentos anteroposteriores da mandíbula são extremamente representativos no SNC nessa fase do desenvolvimento do sistema estomatognático.

À medida que a alimentação muda da forma líquida para a forma sólida, passando pela forma pastosa, ou à medida que vão surgindo os dentes na cavidade bucal, o sistema estomatognático vai se adaptando a uma nova alimentação, dando origem a uma nova programação sensório-motora. Essa nova programação será mediada pelo nervo trigêmeo, que inerva as estruturas-chave para determinar o tônus da musculatura envolvida na mastigação: os dentes.

O SURGIMENTO DOS DENTES E A ESTOMATOGNOSIA PROPRICEPTIVA

Um grande desafio para o sistema estomatognático é interromper a primazia do movimento anteroposterior, tão bem sedimentado no sistema sensório-motor do latente, e estabelecer um novo tônus muscular para o posicionamento da mandíbula, voltada agora para a mastigação. Para isso, a estratégia utilizada pela natureza foi a sequência de surgimento dos dentes (Fig. 7.2).

Os primeiros dentes a surgir na boca são os incisivos inferiores, seguidos dos incisivos superiores. Com isso, cada vez que ocorre um movimento anterior da mandíbula, este será limitado pelos incisivos centrais. O movimento posterior já era limitado pela ATM pela parte posterior da cavidade glenoide. Esse limite, porém, não significa a impossibilidade da mandíbula ultrapassar os dentes incisivos. Os movimentos rítmicos da mastigação, automáticos da fala ou inconscientes da deglutição, ocorrerão com uma amplitude

SAIBA MAIS

A limitação imposta pelos incisivos centrais ao movimento anteroposterior não é apenas mecânica; ao contrário, o "toque" dos incisivos superiores nos inferiores estimula os mecanorreceptores situados no periodonto desses dentes, os quais informam o núcleo mesencefálico do trigêmeo, criando um limite funcional do movimento mandibular.

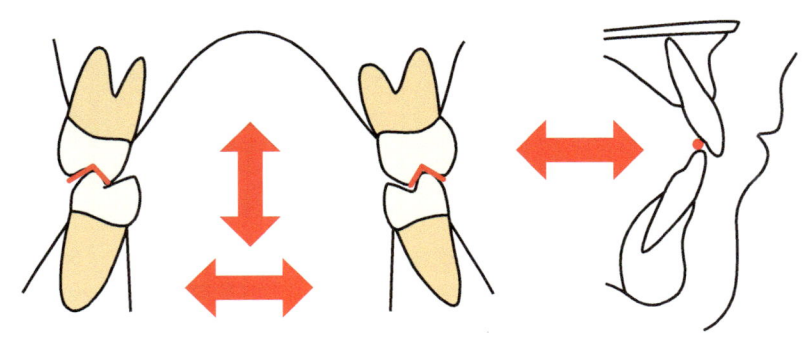

Figura 7.2 – Papel do surgimento dos dentes incisivos na determinação do tônus muscular para o movimento anteroposterior da mandíbula e dos dentes molares na determinação do tônus muscular para o movimento de abertura e fechamento bucal.

estabelecida a partir do tônus muscular pela estimulação desta via sensório-motora.

O núcleo mesencefálico recebe as informações proprioceptivas da ATM, do periodonto, dos tendões e do músculos. Tais informações de posicionamento da mandíbula e dos dentes chegam ao núcleo mesencefálico e são enviadas para o núcleo motor do trigêmeo. Essa integração sensório-motora determina o tônus muscular da mandíbula, apropriado agora para a nova função que começa a ser estabelecida no sistema estomatognático: a mastigação.

Embora o posicionamento da mandíbula no sentido horizontal possa ser influenciado pelos incisivos centrais, o posicionamento da mandíbula no sentido vertical não pode ser definido pelos dentes incisivos, uma vez que a face lingual destes dentes não estabelece com precisão uma posição única. Do ponto de vista neuronal, a acuidade e a intensidade das informações proprioceptivas favorecem o aprendizado motor do comportamento mastigatório a ser estabelecido, à medida que os dentes surgem nos roletes gengivais. A sequência do surgimento dos dentes na cavidade oral permite que o sistema sensório-motor estabeleça um mapeamento do tônus muscular voltado à função mastigatória. Os primeiros dentes a surgirem na cavidade bucal são os incisivos centrais, determinando, assim, o tônus muscular para o movimento anteroposterior da mandíbula. Concomitantemente ou logo após o surgimento dos dentes incisivos, surgem os dentes molares, determinando o tônus muscular para o movimento de abertura e fechamento bucal.

Como esquematizado na Figura 7.2, os molares limitam o movimento de fechamento da mandíbula pelo contato das suas faces oclusais. O movimento de lateralidade é limitado pelo fato de o molar superior se posicionar mais vestibularmente em relação ao molar inferior; ou seja, a face vestibular da cúspide vestibular do molar inferior toca a face lingual da cúspide vestibular do molar superior.

A partir das informações aferentes proprioceptivas, uma resposta eferente motora vai determinar os tônus dos músculos do sistema estomatognático que resultam na posição de repouso da mandíbula com relação à maxila, criando-se, assim, uma estreita relação entre os dentes e a posição da mandíbula, relação esta necessária para o surgimento do plano oclusal (Fig. 7.2).

LEMBRETE

Os contatos entre os dentes estimulam os mecanorreceptores do periodonto, informando os centros superiores da posição da mandíbula. A sequência de surgimento dos dentes é, portanto, fundamental para que se estabeleça o mapeamento proprioceptivo espacial do sistema estomatognático.

DEGLUTIÇÃO E OCLUSÃO DENTÁRIA

Quando deglutimos, a maioria dos dentes inferiores, senão todos, tocam os dentes superiores na sua máxima intercuspidação; ou seja, durante a deglutição, ocorre a oclusão dentária. De fato, este é o único momento funcional no qual a oclusão dentária ocorre. Durante a deglutição, ocorre a estimulação dos proprioceptores periodontais de todos ou quase todos os dentes. Considerando que deglutimos uma média de 2.500 vezes por dia, pode-se ter uma ideia de quantas vezes os estímulos proprioceptivos originados no periodonto informam o SNC, influenciando o tônus dos músculos elevadores da mandíbula.

A posição de repouso da mandíbula, portanto, está relacionada com a posição de máxima intercuspidação dos dentes, ou oclusão dentária, que por sua vez ocorre durante a deglutição. Essa mesma posição de máxima intercuspidação é tomada como base pelo núcleo motor do trigêmeo para desempenhar a função mastigatória. Isso explica porque os movimentos mandibulares dos ciclos mastigatórios de cada lado da mandíbula tendem a levar os dentes à posição de máxima intercuspidação, embora não toquemos os dentes durante o processo mastigatório.

Se efetuarmos o movimento contrário do que ocorre durante a mastigação a partir da posição de máxima intercuspidação dos dentes, ou seja, se deslocarmos a mandíbula para um dos lados mantendo o máximo de dentes inferiores em contato com os dentes superiores, veremos que, em uma oclusão normal, pelo menos os dentes caninos se tocam, e o movimento de lateralidade termina quando as faces oclusais dos caninos inferior e superior se tocam topo a topo.

Mesmo que o movimento de lateralidade a partir da posição de oclusão dentária não seja o mesmo movimento que ocorre durante o ciclo mastigatório, ele detecta exatamente os dentes guias e a posição de lateralidade que ocorre durante um ciclo mastigatório. Isso ocorre porque todos os movimentos mastigatórios partem de uma posição inicial da mandíbula que corresponde à posição de repouso. Os tônus musculares são determinados pelos estímulos proprioceptivos que ocorrem durante a oclusão dentária, a qual, por sua vez, ocorre durante a deglutição.

Durante a deglutição normal, além da máxima intercuspidação dentária, a língua se posiciona na papila incisiva acima dos incisivos centrais, pressionando o palato nessa posição. Os lábios se cerram sem que haja esforço adicional, pois os mecanorreceptores parecem estimular o seu fechamento, aumentando o tônus da musculatura labial.

Esse fenômeno pode ser também explicado pelo "reflexo" transcortical. Foi demonstrado que as células piramidais do córtex motor primário se organizam de modo colunar e recebem informações sensoriais musculares e cutâneas. A contribuição de células corticais para a postura e os movimentos do sistema estomatognático não está bem compreendida, mas a disposição colunar das células piramidais e a existência de circuitos intracolunares permitem grande interação entre os estímulos que chegam, enquanto circuitos intercolunares possibilitariam inervações recíprocas, permitindo influências facilitatórias e inibitórias vindas de outras colunas. Desse modo, o controle da posição de repouso da mandíbula pode ser resultado de influências provenientes de outras colunas motoras corticais, bem como de informações provenientes de outras áreas do SNC, incluindo áreas subcorticais, como o sistema límbico.

LEMBRETE

Quanto maior o número de dentes que se tocam durante o movimento de lateralidade, mais estável é a mandíbula durante os ciclos mastigatórios, e, portanto, menor é o risco de disfunções articulares.

SAIBA MAIS

Os dentes que se tocam durante o movimento de lateralidade são chamados de "guias", justamente porque guiam os movimentos de lateralidade durante os ciclos mastigatórios.

LEMBRETE

Além do cerebelo, os núcleos da base possuem um papel fundamental no controle da atividade muscular do sistema estomatognático.

CARACTERÍSTICAS MORFOFUNCIONAIS DA OCLUSÃO DENTÁRIA

PLANO OCLUSAL

Visto pelo plano transversal, se traçarmos uma reta imaginária do centro da base do trígono retromolar até a face oclusal dos caninos inferiores, poderemos observar que ela passa pelos sulcos centrais dos dentes molares e pré-molares inferiores. Os caninos inferiores estão, portanto, alinhados com a face oclusal dos dentes posteriores e com a ATM ipsilateral (Fig. 7.3).

Desse modo, a mandíbula funciona como uma alavanca interpotente, na qual a musculatura elevadora da mandíbula (potência) se insere entre o apoio (ATM) e a força de resistência (dentes). A resultante da força com que os dentes agem sobre os alimentos (força de resistência) depende da distância entre ele e a ATM. A força mastigatória resultante dos caninos é maior que a dos pré-molares, que é maior que a dos molares.

SAIBA MAIS

Animais carnívoros possuem caninos bem desenvolvidos, ao passo que a maioria dos animais herbívoros cederam o espaço dos caninos para um diastema entre os pré-molares e os incisivos. Os caninos, portanto, recebem uma grande quantidade de informações proprioceptivas e são responsáveis pela limitação tônica dos movimentos de lateralidade da mandíbula.

O tamanho das raízes dos dentes com relação à coroa dentária é proporcional à força mastigatória resultante para cada grupo dentário – molares, pré-molares, caninos e incisivos. Não é de se admirar, portanto, que os dentes caninos desempenhem uma função de alto grau de força mastigatória e possuam uma grande raiz implantada no osso alveolar. O plano oclusal se completa com o surgimento dos dentes caninos. No sentido transversal, o sulco principal dos dentes posterossuperiores se alinha com um ponto formado pela intersecção da face mesial e vestibular do dente canino superior e com um ponto formado pela intersecção da face distal e vestibular do dente canino inferior. Esse detalhamento estrutural da oclusão dentária não é apenas resultado de uma codificação geneticamente preestabelecida, mas depende da função sensório-motora do sistema estomatognático. Os dentes caninos superiores direito e esquerdo, por serem os mais

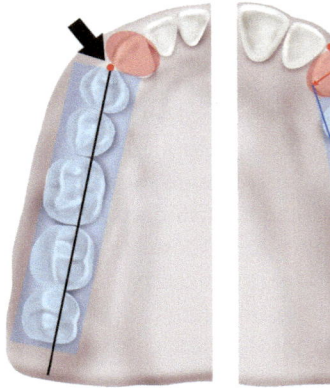

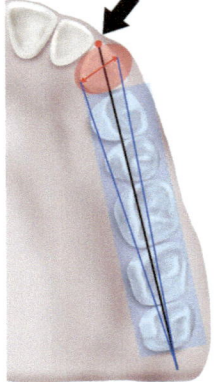

Figura 7.3 – Alinhamento dos dentes inferiores e guia canina.

distantes da ATM, desempenham um papel de guia do movimento mandibular de lateralidade.

Não devemos considerar a "limitação" dos movimentos de lateralidade da mandíbula como uma impossibilidade funcional da mandíbula de se movimentar para além dos limites estabelecidos pela propriocepção dos caninos (guia de lateralidade). Isso determina aproximadamente a amplitude dos movimentos de lateralidade desempenhados pela mandíbula durante os ciclos mastigatórios, e a preservação desse limite, bem como do tônus muscular da mandíbula, são fundamentais para a reconstrução protética dos dentes, seja ela parcial ou total (Fig. 7.3).

CURVA DE COMPENSAÇÃO (CURVA DE SPEE)

Uma vez que os dentes são alinhados ao longo da alavanca mandibular (corpo da mandíbula), apenas seria possível obter um plano de oclusão em que todos os dentes ocluíssem simultaneamente se o rebordo alveolar onde os dentes estão implantados não fosse paralelo ou se o corpo da mandíbula formasse um ângulo de aproximadamente 90° com o ramo da mandíbula (Fig. 7.4).

De fato, ambas as coisas acontecem, e, além de a mandíbula ter uma forma angulada, o rebordo alveolar se curva, de modo que os dentes acompanhem a mesma curvatura. Essa curvatura observada ao longo

LEMBRETE

A curva de Spee possui um papel importante na formação do plano oclusal. O ângulo formado entre o rebordo alveolar e o corpo da mandíbula é maior quanto menor for o ângulo da mandíbula e menor (próximo de 0°) quanto mais próximo de 90° for o ângulo da mandíbula.

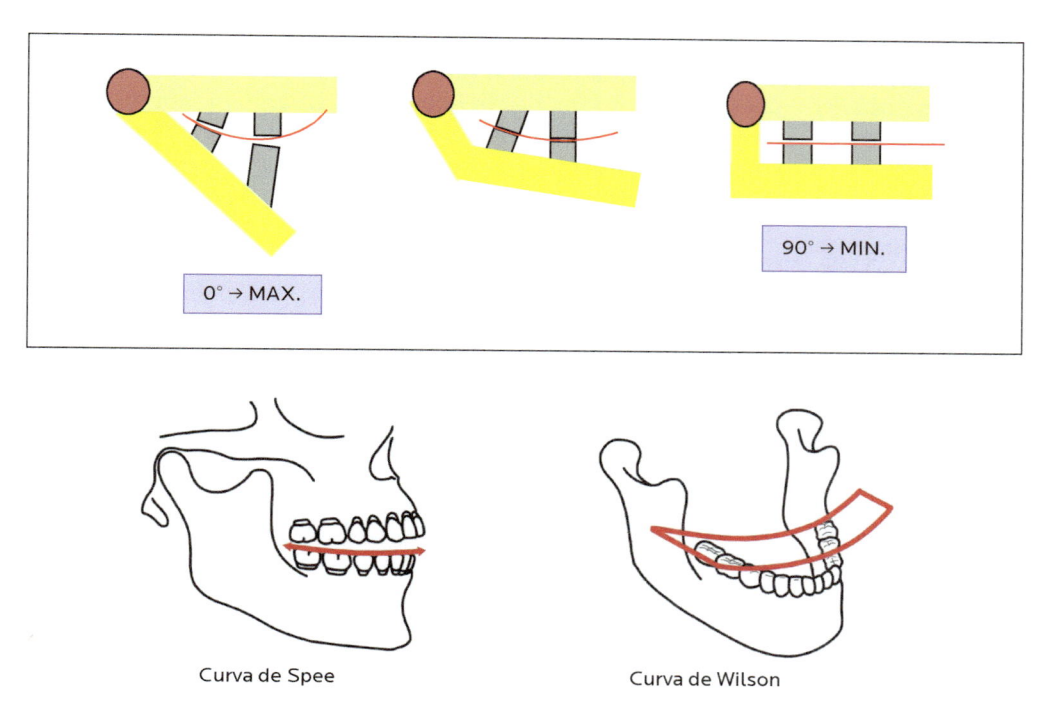

Figura 7.4 – O plano oclusal nos sentidos sagital e frontal não é exatamente reto mas curvado, para compensar o movimento executado pela mandíbula, que é mais ou menos pendular em razão da conformação estrutural das ATMs e do sistema estomatognático como um todo. No sentido sagital, os dentes se alinham para formar uma curvatura a partir dos dentes pré-molares, chamada curva de Spee. Quanto menor for o ângulo formado entre o ramo e o corpo da mandíbula, mais fechada será essa curva, e quanto mais próximo a 90° for o ângulo da mandíbula, mais plana será a oclusão dos dentes. No sentido frontal, o plano de oclusão se curva para compensar a trajetória pendular do movimento de lateralidade da mandíbula. Essa inclinação dos dentes posteriores e caninos forma a curva de Wilson.

do alinhamento dos dentes recebe o nome de **curva de compensação ou curva de Spee**, justamente por compensar a falta de oclusão decorrente da morfologia da mandíbula.

CURVA DE WILSON

De maneira semelhante à dos movimentos de abertura e fechamento da boca, a mandíbula executa os movimentos de lateralidade durante os ciclos mastigatórios de modo pendular, pois a configuração estrutural das inserções musculares do sistema estomatognático e a configuração anatômica da ATM com sua cavidade glenoide impedem um movimento de lateralidade apenas no plano transverso.

> **PARA PENSAR**
>
> Embora os mecanismos pelos quais os dentes se acomodam perfeitamente nos ossos maxilares após o seu surgimento não sejam completamente conhecidos, esse fenômeno não é codificado apenas geneticamente, tampouco a oclusão dentária surge de um "toque mágico" da natureza. As influências funcionais, sobretudo as musculares, codificadas pelo sistema sensório-motor, são fundamentais para o estabelecimento da oclusão dentária. Tem sido demonstrado que, além do próprio sistema estomatognático, voltado à mastigação, os mecanismos envolvidos na respiração e na deglutição participam do desenvolvimento da oclusão dentária.

Para compensar essa limitação, as raízes dos dentes superiores, no plano frontal, estão inclinadas no sentido sagital, enquanto as raízes dos dentes inferiores estão inclinadas no sentido contrário. Isso permite a formação de um plano oclusal frontal curvo acompanhando o movimento de lateralidade "pendular" da mandíbula durante os ciclos mastigatórios (Curva de Wilson) (Fig. 7.4). Essa inclinação dos dentes superiores também permite que a força mastigatória seja dissipada pelas estruturas ósseas do crânio, de modo que as resultantes dessas forças do lado direito e esquerdo do osso maxilar superior se anulem em um ponto da calota craniana. O plano oclusal nos sentidos sagital e frontal não é exatamente reto, mas curvado, para compensar o movimento executado pela mandíbula, que é mais ou menos pendular em razão da conformação estrutural das ATMs e do sistema estomatognático como um todo. No sentido sagital, os dentes se alinham para formar uma curvatura a partir dos dentes pré-molares, chamada curva de Spee. Quanto menor for o ângulo formado entre o ramo e o corpo da mandíbula, mais fechada será essa curva, e quanto mais próximo a 90° for ângulo da mandíbula, mais plana será a oclusão dos dentes. No sentido frontal, o plano de oclusão se curva para compensar a trajetória pendular do movimento de lateralidade da mandíbula. Essa inclinação dos dentes posteriores e caninos forma a curva de Wilson.

DIMENSÃO VERTICAL DO TERÇO INFERIOR DA FACE

Desde a época renascentista, quando a anatomia do corpo humano passou a ser estudada mais detalhadamente, a beleza passou a ser considerada na estética artística. Como uma forma didática de se desenhar a face humana harmoniosa, ela foi dividida em três partes iguais: a dimensão medida da linha da implantação do cabelo à linha das sobrancelhas é aproximadamente igual à dimensão medida da linha das sobrancelhas à base do nariz, que por sua vez é igual à dimensão medida da base do nariz ao final do queixo.

> **Dimensão vertical**
>
> Distância entre o ponto nasolabial (que corresponde à intersecção entre a base inferior do nariz e ponto mais superior do lábio superior) e o ponto mentoniano (que corresponde à interseção entre o contorno externo da sínfise mandibular e a margem inferior do corpo da mandibular).

O terço inferior da face, medido da base do nariz até o final do queixo, corresponde à **dimensão vertical**. Um dos procedimentos mais comuns na prática clínica, sobretudo de profissionais envolvidos com reabilitação oral e ortodontia, é a tomada dessa dimensão com finalidades terapêuticas. Embora a dimensão vertical seja um dado anatômico, ela é determinada pelo tônus muscular equilibrado e harmônico dos músculos elevadores da mandíbula quando em repouso ou durante a máxima intercuspidação dentária, que ocorre fisiologicamente durante a deglutição.

Quando a dimensão vertical é tomada durante o repouso da mandíbula, é chamada de **dimensão vertical de repouso** (DVR). Em última análise, a dimensão vertical corresponde à resposta motora final da integração sensório-motora do sistema estomatognático. Embora essa resposta motora seja altamente influenciada pelos proprioceptores periodontais estimulados principalmente pelo cerramento dos dentes durante a deglutição, ela pode sofrer influências de outras áreas do SNC que inibem ou excitam os motoneurônios envolvidos na posição de repouso da mandíbula. Com isso, pode ocorrer um aumento ou uma diminuição do tônus muscular, o que interfere diretamente na dimensão vertical.

Fatos no ambiente ou mesmo pensamentos que ativam o comportamento defensivo podem estimular áreas subcorticais, resultando em uma resposta motora modulada por vias extrapiramidais que aumenta o tônus da musculatura elevadora da mandíbula e leva ao cerramento dos dentes quando em posição de repouso. Esse fenômeno pode se tornar sintomático, com dores na face e nas ATMs devidas, pelo menos em parte, à hiperatividade muscular do sistema estomatognático.

A aparência harmoniosa do rosto e sua relação com a dimensão vertical refletem um tônus muscular equilibrado e harmonioso do terço inferior da face. Contudo, na posição de máxima intercuspidação entre os dentes superiores e inferiores observada durante a deglutição, ocorre uma diminuição fisiológica da dimensão vertical, que é chamada de **dimensão vertical de oclusão** (DVO).

A diferença das dimensões DVR e DVO é o espaço livre entre os dentes da maxila e mandíbula. A determinação do espaço livre oral tem grande relevância clínica, sobretudo nas reabilitações orais de pacientes desdentados ou parcialmente dentados com falta principalmente de dentes posteriores.

Embora seja possível estimar as dimensões verticais em repouso e em oclusão, principalmente em indivíduos dentados com oclusão normal, não existe um método apropriado para medir com acuidade a dimensão vertical de repouso ideal de um indivíduo sem as influências das vias motoras extrapiramidais. Da mesma forma, modificações nas faces oclusais dos dentes posteriores em consequência de procedimentos clínicos podem alterar a dimensão vertical de oclusão. Em pacientes desdentados, a estimativa das dimensões verticais ideais, tanto de repouso quanto de oclusão, torna-se ainda mais difícil e não raramente constitui um verdadeiro desafio para a reabilitação oral.

DIMENSÃO VERTICAL NOS DESDENTADOS

Um sinal clínico comumente observado é a acentuada diminuição da dimensão vertical nos pacientes totalmente desdentados ou com a falta dos molares e pré-molares naturais sem que tivessem sido

SAIBA MAIS

Um bom exemplo da influência do SNC no tônus dos músculos mandibulares em repouso, e consequentemente na dimensão vertical, é a expressão "de queixo caído", usada quando uma pessoa abre a boca ao ver um acontecimento que a deixa perplexa. O que ocorre é uma nítida estimulação de áreas subcorticais pelo sistema visual, resultando em uma resposta motora modulada por vias extrapiramidais que inibe o tônus da musculatura elevadora da mandíbula.

LEMBRETE

Considerando que o espaço livre varia de indivíduo para indivíduo, não existe um consenso sobre sua dimensão ideal. No entanto, para fins terapêuticos, o espaço livre geralmente é considerado com uma dimensão de 1 a 3mm.

corretamente reabilitados. A falta dos dentes posteriores impede que os centros motores sejam informados pelos proprioceptores periodontais dos limites de contração dos músculos elevadores da mandíbula durante a deglutição. Essa falta de informação proprioceptiva do periodonto enfraquece a modulação do controle motor do sistema estomatognático e, principalmente, deixa de influenciar o tônus da musculatura elevadora mandíbula em repouso. Isso resulta em um aumento do tônus dos músculos elevadores da mandíbula e uma diminuição da dimensão vertical, pois, durante a deglutição, a mandíbula sem os dentes posteriores se eleva para além dos limites estabelecidos pelos dentes.

A falta de dentes e a consequente falta de informação proprioceptiva periodontal que ocorre com o cerramento dos dentes durante a deglutição também levam à falta de um posicionamento da mandíbula em repouso. Esse fato torna comum um movimento mandibular constante e de baixa amplitude em pacientes desdentados, mesmo quando a mandíbula está em "repouso".

Portanto, fica claro que a reabilitação de pacientes com falta dos dentes posteriores deve necessariamente passar pela recuperação da dimensão vertical original, a qual está relacionada com o tônus equilibrado e harmônico dos músculos elevadores da mandíbula. Como o tônus dos músculos do sistema estomatognático, em última análise, sofre influência de informações constantes provenientes de diferentes áreas do SNC, incluindo áreas do sistema límbico pelas vias extrapiramidais, a recuperação da dimensão vertical do paciente deve levar em conta o seu estado emocional, que certamente pode influenciar o tônus dos músculos elevadores da mandíbula.

INCISIVOS CENTRAIS E A POSIÇÃO ANTEROPOSTERIOR DA MANDÍBULA

Quando os dentes surgem na cavidade oral, a determinação do tônus muscular da mandíbula e mesmo da posição final dos dentes na arcada dentária será mais bem estabelecida quanto mais precisas forem as informações proprioceptivas provenientes dos receptores periodontais. Por isso, uma das funções das cúspides acentuadas dos molares ao surgirem na cavidade oral é providenciar esse processo de acomodação dentária integrada com a "acomodação" da musculatura do sistema estomatognático.

LEMBRETE

A posição final dos incisivos centrais superiores determinará o limite anteroposterior da estomatognosia proprioceptiva. Essa informação é fundamental para que haja um controle do movimento anteroposterior da mandíbula, necessário, por exemplo, para a função mastigatória desempenhada pelos dentes incisivos.

As cúspides acentuadas observadas nos dentes recém-surgidos na cavidade oral permitem uma intercuspidação mais precisa entre os dentes superiores e inferiores, melhorando a qualidade das informações proprioceptivas provenientes do periodonto. Porém, a estrutura morfológica dos incisivos não proporciona um posicionamento preciso entre os incisivos superiores e inferiores, sendo necessárias informações proprioceptivas adicionais para a determinação de um posicionamento único dos dentes incisivos na arcada dentária.

Essas informações adicionais normalmente são providenciadas pelos mecanorreceptores da mucosa oral, principalmente dos lábios e do palato na região da papila incisiva. De fato, se atentarmos ao posicionamento dos incisivos centrais superiores na arcada dentária de pessoas com oclusão normal, vamos observar que esses dentes tocam os lábios inferiores mais precisamente na divisão entre a parte interna do lábio ("lábio molhado") e a parte externa ("lábio seco"). Também a face vestibular dos incisivos centrais superiores é tocada pelo lábio superior. Além disso, a cada deglutição, a língua posiciona-se na papila incisiva, pressionando o palato nessa região (Fig.7.5).

Embora o osso alveolar, como todo osso do corpo, esteja sujeito a remodelações proporcionadas por forças exógenas ao organismo, como aparelhos ortodônticos ou ortopédicos, a manutenção de um novo posicionamento dos dentes conseguido à custa de aparelhos ortodônticos depende necessariamente da adaptação muscular. Por essa razão, o sucesso de um tratamento ortodôntico que altera a posição dos dentes anteriores, por exemplo, normalmente depende de uma alteração concomitante do tônus dos lábios e da língua durante o repouso, bem como de uma atividade muscular adequada da língua durante a deglutição. Vale lembrar que a deglutição, por ser um comportamento que ocorre milhares de vezes ao dia, possui uma importância fundamental nas informações proprioceptivas do sistema estomatognático.

LEMBRETE

O posicionamento dos dentes resultante do contato dos lábios ou da língua não se deve simplesmente à barreira mecânica impetrada por essas musculaturas, mas sim à alteração do tônus dessas musculaturas influenciada pela ativação de seus proprioceptores. Assim, alterações no tônus muscular dos lábios ou da língua podem alterar o posicionamento dos dentes incisivos, independentemente da magnitude da força muscular.

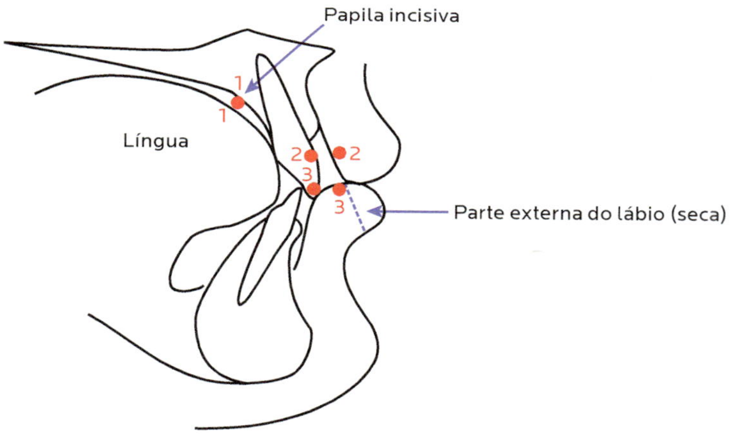

Figura 7.5 – No sentido vertical, a oclusão dos dentes incisivos é mantida pela integração das informações proprioceptivas e motoras que ocorre entre os dentes incisivos, a língua e os lábios. Uma relação harmoniosa entre essas estruturas confere um posicionamento adequado aos dentes incisivos. (1) A língua na sua posição habitual toca a região da papila incisiva no palato. (2) A face vestibular do incisivo central superior toca o lábio superior internamente, ao mesmo tempo que os lábios se tocam entre si. (3) Os dentes incisivos centrais superiores tocam o lábio inferior na divisa entre o lábio exterior (seco) e interior (molhado). Esses contatos estimulam os mecanorreceptores da mucosa dessas estruturas, modulando o tônus da musculatura dos lábios e da língua, que determina o posicionamento final dos dentes incisivos.

RELAÇÃO CÊNTRICA

A relação cêntrica entre a maxila e a mandíbula é um dado extraído de pacientes desdentados com o objetivo principal de determinar a posição de máxima intercuspidação dentária que ocorreria nesses pacientes caso tivessem preservados os dentes posteriores. Evidentemente, nos indivíduos com dentição e oclusão normais, a relação cêntrica corresponde à máxima intercuspidação dos dentes que ocorre fisiologicamente durante a deglutição. Portanto, o termo "relação cêntrica" tem sido usado apenas para pacientes desdentados ou sem dentes posteriores, nos quais não é possível observar a máxima intercuspidação dentária.

SAIBA MAIS

Tem sido demonstrado que as condições emocionais do paciente influenciam o mapeamento dos movimentos habituais da mandíbula.

A relação cêntrica pode ser clinicamente estimada mapeando-se os movimentos habituais de protusão, lateralidade e retrusão da mandíbula a partir de uma dimensão vertical de repouso também estimada. Normalmente, a relação cêntrica fica próxima ao vértice mais posterior do mapeamento dos movimentos mandibulares. Mesmo na ausência de dentes, a estimativa da oclusão dentária a partir do mapeamento dos movimentos habituais da mandíbula é possível porque existe uma memória da estomatognosia proprioceptiva adquirida durante existência dos dentes. Contudo, é importante lembrar que os movimentos mandibulares dependem do tônus dos músculos mandibulares que são influenciados pelas diferentes áreas do SNC.

Muitas vezes, mesmo em pacientes dentados, ocorre uma movimentação de lateralidade da mandíbula ou uma interferência de dentes que altera a trajetória normal da mandíbula até a posição de máxima intercuspidação, provocando movimentações articulares indesejáveis que podem levar a sintomas dolorosos da ATM.

Nesse caso, há uma discrepância patológica entre a posição de repouso da mandíbula e a posição de oclusão normalmente decorrentes de procedimentos terapêuticos inadequados. Em indivíduos com oclusão normal da posição de repouso à de máxima intercuspidação, ocorre apenas o movimento de elevação da mandíbula, que não passa de alguns milímetros (espaço livre entre os dentes superiores e inferiores), não havendo movimentação de lateralidade nem interferências dentárias que modifiquem a trajetória apenas vertical da mandíbula.

O DESGASTE NATURAL DOS DENTES E A OCLUSÃO DENTÁRIA

Não restam dúvidas sobre a importância da existência de cúspides e sulcos nas estruturas dentárias posteriores voltadas principalmente à função de macerar os alimentos durante a mastigação. Também parece ser importante haver certo afilamento das extremidades oclusais dentárias, para facilitar o surgimento dos dentes no rebordo alveolar, embora tenha sido demonstrado que o surgimento dos dentes não envolve dilaceração ou corte do tecido que recobre os roletes gengivais. Ao contrário, parece que a maior contribuição para o surgimento dos dentes na cavidade oral resulta do crescimento axial das raízes, que induz uma pressão da superfície oclusal dos dentes no tecido gengival, gerando mínimas e subsequentes isquemias e necroses das camadas celulares da gengiva à medida que os dentes avançam no sentido axial.

Como já discutido, após o surgimento dos dentes na cavidade oral, o SNC começa a receber informações proprioceptivas do periodonto a fim de orquestrar uma nova função do sistema estomatognático: a mastigação. O ajuste muscular efetuado pelo SNC é mais preciso quanto mais precisas forem as informações proprioceptivas vindas do receptores periodontais.

Esta provavelmente é uma das razões pelas quais os dentes dos primatas incorporaram várias cúspides pontiagudas e sulcos profundos durante o processo evolutivo, mesmo que algumas dessas estruturas dentárias não tenham apresentado muita função nos processos mastigatórios. É, por exemplo, o caso dos sulcos profundos das oclusais dos dentes posteriores. A eliminação dos sulcos profundos dos dentes molares por meio de selamentos com resina tem sido utilizada nesses dentes como prevenção de cárie, sem nenhuma perda ou prejuízo das funções mastigatórias.

Uma vez que o SNC formou a estomatognosia proprioceptiva mapeando o espaço funcional da cavidade oral para orquestrar as funções do sistema estomatognático, as informações proprioceptivas, que no início foram fundamentais para a memória motora das funções orais, agora têm o papel de ajustar essas funções. Além disso, como visto anteriormente, o padrão dos ciclos mastigatórios é estabelecido pelo centro mastigatório no SNC.

SAIBA MAIS

Uma característica importante das cúspides é sem dúvida sua forma cônica e pontiaguda. Do ponto de vista mecânico, as formas cônicas são as únicas formas na natureza cujo desgaste diminui exponencialmente à medida que a própria forma vai sofrendo desgaste. Imagine o grafite de um lápis que você acabou de apontar. Quando começamos a usá-lo, observamos que o traço sai bem fino, proporcional à sua ponta recém-afinada. Contudo, não demora muito e o traço já começa ficar mais grosso. Se você pudesse medir quantos metros você escreveu com a ponta bem fina antes de ela engrossar um pouco e quantos metros você conseguiu escrever com a ponta mais grossa até ter que apontá-la novamente por ter ficado muito grossa, vai observar que conseguiu escrever muitos metros a mais com a ponta grossa. Isso ocorre porque o desgaste da ponta é proporcional à pressão exercida sobre ela e ao coeficiente de atrito das superfícies, no caso grafite e papel. Como a pressão é a força multiplicada pela área ($P = F \times A$), e sendo a força praticamente constante, a pressão será proporcional à área. Considerando que o desgaste é proporcional à pressão, este será proporcional à área das superfícies em contato. Lembrando que a área da circunferência é $2\pi R^2$, onde R é o raio da circunferência, podemos deduzir que, nas formas cônicas, o desgaste diminui exponencialmente à medida que a área da ponta do cone vai aumentando com o próprio desgaste. Esse fato nos leva a concluir que, mesmo que as cúspides dentárias se desgastassem muito no início do surgimento dos dentes, levaria vários anos para que essas estruturas tivessem o mesmo grau de desgaste dos primeiros meses.

Desse modo, podemos imaginar que o desgaste natural dos dentes dificilmente acarretaria danos ou prejuízo funcional do sistema estomatognático. Ao contrário, tem sido demonstrado que interferências de estruturas dentárias provocadas por restaurações dentárias, ou mesmo a falta de desgaste nos dentes, aumenta a chance de desenvolver distúrbios nas ATMs. Além disso, o desenvolvimento dos maxilares tem sido atribuído, pelo menos em parte, à amplitude dos movimentos mandibulares. O desgaste natural dos dentes favorece movimentos de lateralidade da mandíbula com maior amplitude, estimulando o crescimento dos maxilares.

Finalmente, é preciso considerar que, à medida que nossos hábitos alimentares foram mudando, sobretudo com o aumento do processamento alimentar (com alimentos menos duros e mais fáceis de serem mastigados), o desgaste natural dos dentes foi diminuindo. Esse fato provavelmente colaborou para o aumento das maloclusões e das disfunções articulatórias do sistema estomatognático.

AGRADECIMENTO

Os autores agradecem ao Dr. Krunislav Antonio Nóbilo, professor e pesquisador na área de Reabilitação Oral da Faculdade de Odontologia da Universidade Estadual de Campinas (Unicamp). Seus conhecimentos em fisiologia da oclusão e psicobiologia aplicados às disfunções temporomandibulares tem revolucionado o ensino de Odontologia no Brasil. Dr. Krunislav, profissional visionário cujas idéias e conceitos estão à frente do nosso tempo.

Movimentação dentária

GUSTAVO HAUBER GAMEIRO

A capacidade de movimentação constitui uma das características mais marcantes da dentição. Os dentes movimentam-se durante toda a vida de um indivíduo, seja pelos processos normais de irrupção dentária e migração fisiológica, seja pelas forças aplicadas por aparelhos ortodônticos.

Existem algumas diferenças marcantes entre os movimentos dentários fisiológicos e a movimentação induzida por força ortodôntica, também conhecida simplesmente como movimentação dentária. A irrupção dos dentes até a obtenção do primeiro contato oclusal ocorre apenas em um período curto e específico do desenvolvimento da dentição. Entretanto, os dentes e seus tecidos de suporte possuem a capacidade permanente de se adaptar às demandas funcionais, e dessa forma os dentes movimentam-se (principalmente os posteriores na direção mesial) lentamente em um processo denominado **migração dentária fisiológica**.

Já a **movimentação dentária ortodôntica** se dá pela aplicação abrupta de forças de compressão e tensão no ligamento periodontal, as quais promovem alterações mais rápidas e significativas nos tecidos de suporte dos dentes. Apesar dessas diferenças, todos os processos de movimentação dentária necessitam de dois requisitos fundamentais:

- presença de um tecido mole entre o dente e o osso alveolar (saco dentário no caso da irrupção e ligamento periodontal nos casos da migração fisiológica e do movimento ortodôntico);
- remodelamento ósseo para permitir o movimento do dente através do osso alveolar.

Clinicamente, a movimentação dentária ocorre em três fases (Fig. 8.1):

FASE INICIAL: a aplicação da força ortodôntica promove o rápido deslocamento do dente no espaço do ligamento periodontal. Esse movimento é limitado pelas propriedades hidrodinâmicas do fluido do ligamento periodontal e pelas propriedades viscoelásticas desse ligamento. A força ortodôntica estabelece áreas de compressão no ligamento do lado para o qual o dente está sendo movimentado,

LEMBRETE

Dentes anquilosados e implantes não apresentam migração dentária fisiológica e não se movimentam quando submetidos à força ortodôntica, o que destaca o papel fundamental do ligamento periodontal nesses processos.

Figura 8.1 – As três fases da movimentação dentária. D: dente; LP: ligamento periodontal; O: osso alveolar; H: hialinização; Oc: osteoclastos (setas).

Fonte: Jónsdóttir e colaboradores.[2]

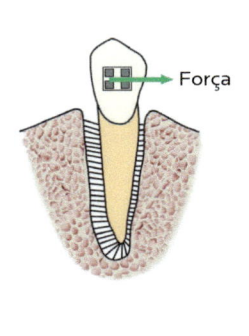

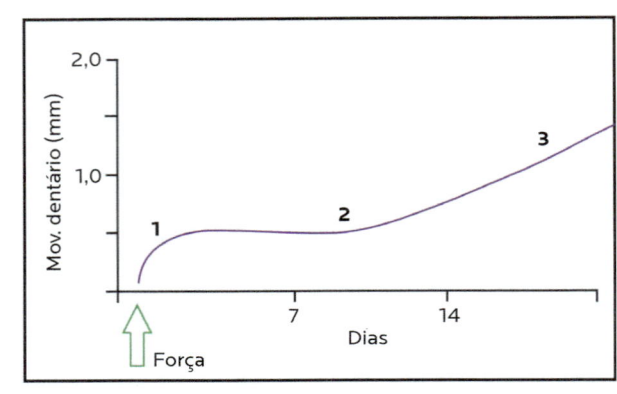

Fases:

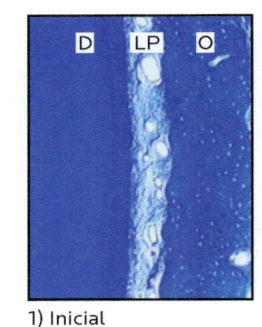

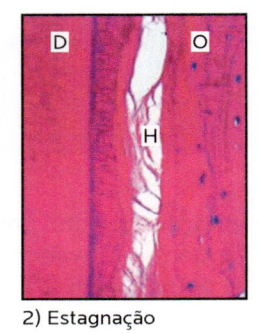

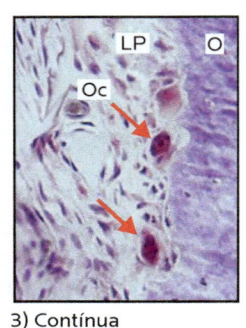

1) Inicial
2) Estagnação
3) Contínua

Fonte: Noda e colaboradores.[1]

enquanto áreas de tensão ocorrem no ligamento do lado oposto. Esses estímulos contínuos são suficientes para iniciar a cascata de eventos vasculares e celulares responsáveis pela movimentação dentária, tais como extravasamento e quimiotaxia de células inflamatórias. Essa fase dura até 2 dias.

FASE DE ESTAGNAÇÃO: a aplicação da força ortodôntica promove a interrupção do fluxo sanguíneo em algumas áreas do ligamento periodontal sob compressão, promovendo a degeneração de estruturas celulares e vasculares. Essas áreas de necrose asséptica assemelham-se a vidro na microscopia óptica, motivo pelo qual recebem o nome de **hialinização**. Nessa fase, ocorre pouca ou nenhuma movimentação dentária, até que as áreas hialinizadas sejam removidas e o osso adjacente seja reabsorvido. A extensão dessas áreas é maior quando a magnitude da força ortodôntica aumenta. Essa fase pode iniciar imediatamente após a fase inicial e dura em média até 30 dias.

FASE CONTÍNUA: constitui a fase de movimentação dentária propriamente dita, na qual os processos biológicos de remodelação do ligamento periodontal e osso alveolar atingem sua capacidade máxima. No lado de compressão do ligamento, ocorre um predomínio de atividade dos osteoclastos por meio de reabsorção frontal (células reabsorvem o osso adjacente ao ligamento periodontal) ou reabsorção a distância (células reabsorvem o osso subjacente à lâmina dura). Este último tipo de reabsorção ocorre próximo às áreas de hialinização previamente descritas. Atualmente, acredita-se que a maioria dos osteoclastos responsáveis pelos dois tipos de reabsorção origina-se a partir de células precursoras provenientes da medula óssea alveolar adjacente. Na prática clínica, mesmo com o uso de forças leves, a ocorrência de algumas áreas de hialinização e de reabsorção óssea a distância ainda é inevitável. No lado de tensão do ligamento, há predomínio de atividade dos osteoblastos, responsáveis pela produção de nova matriz óssea (osteoide) que será mineralizada.

TEORIAS DOS MECANISMOS ORTODÔNTICOS

TEORIA BIOELÉTRICA

Entre as décadas de 1960 e 1980, diversos autores demonstraram que as forças ortodônticas provocam estresse mecânico nos dentes, no osso alveolar e no ligamento periodontal, causando dois tipos de respostas bioelétricas nesses tecidos: a **piezoeletricidade**, que representa o fluxo de corrente elétrica gerado pela deformação das estruturas cristalinas de um tecido (p. ex., matriz óssea); e o **fluxo de potenciais**, que são correntes elétricas geradas por alteração nas membranas celulares ou por fluxo de fluido intersticial. Essas respostas bioelétricas seriam capazes de alterar as respostas biológicas das células estimuladas.

No **lado de tensão** do ligamento periodontal, o osso alveolar adquire uma configuração côncava, com áreas eletronegativas que favorecem a atividade osteoblástica. No **lado de compressão** do ligamento, a superfície óssea alveolar adjacente torna-se convexa, apresentando áreas de positividade ou neutralidade elétrica, bem como elevada atividade osteoclástica. Atualmente, esses fenômenos elétricos não fornecem explicação detalhada sobre as diferentes e complexas respostas celulares desencadeadas pelo movimento ortodôntico.

TEORIA PRESSÃO-TENSÃO

Esta clássica teoria da movimentação dentária baseia-se principalmente em sinais químicos, e não em sinais elétricos, para explicar as reações celulares responsáveis pelos remodelamentos do ligamento periodontal e do osso alveolar que possibilitam o movimento ortodôntico. Segundo essa teoria, alterações diferenciadas no fluxo sanguíneo do ligamento periodontal são induzidas nos lados de pressão (compressão) e tensão do ligamento, criando um microambiente químico específico favorável ao desencadeamento de respostas de reabsorção óssea (no lado de pressão) e deposição óssea (no lado de tensão).

Embora essa teoria ainda seja respeitada atualmente, pesquisas recentes demonstram com mais detalhes como as forças de pressão e tensão são capazes de produzir expressões diferenciadas de determinadas proteínas (p. ex., citocinas pró ou anti-inflamatórias) nos diferentes lados do ligamento periodontal, induzindo, assim, respostas celulares específicas nesses locais.

RESPOSTAS BIOLÓGICAS INDUZIDAS PELAS FORÇAS ORTODÔNTICAS

NO LADO DE PRESSÃO

LEMBRETE

As fibras do ligamento periodontal estão intimamente relacionadas aos fibroblastos por meio de proteínas denominadas integrinas, as quais possibilitam o contato do citoesqueleto das células com a matriz extracelular, de forma que um estímulo mecânico pode ser transformado em uma resposta biológica – processo conhecido como mecanotransdução.

As fibras do ligamento periodontal são comprimidas contra o osso alveolar adjacente. Essa força de pressão não atinge apenas as fibras da matriz extracelular do ligamento (principalmente colágeno), mas também afeta fibroblastos, osteócitos e osteoblastos. No osso alveolar, a força ortodôntica é captada primariamente pelos osteócitos, que, ao serem estimulados por microdanos aos seus processos celulares, enviam sinais elétricos e químicos aos osteoblastos vizinhos. Estas células, por sua vez, também liberam substâncias químicas capazes de recrutar e ativar os osteoclastos que serão responsáveis pela reabsorção do osso alveolar.

Os principais mediadores químicos envolvidos nessa reabsorção incluem as prostaglandinas, o fator de necrose tumoral alfa (TNF-α) e o ligante do receptor do ativador do fator nuclear kappa B (RANKL), que podem ser produzidos pelos fibroblastos, osteócitos, osteoblastos e linfócitos T. O aumento desses mediadores, juntamente com a redução ou inalterabilidade na expressão de osteoprotegerina (OPG, que inibe osteoclastos), favorece a reabsorção óssea no lado de pressão do ligamento. Ainda desse lado, o aumento na expressão de metaloproteinases da matriz (MMPs) por fibroblastos, osteoblastos e osteócitos contribui para a degradação da matriz extracelular do ligamento e osso alveolar (Fig. 8.2).

NO LADO DE TENSÃO

As fibras do ligamento periodontal são estiradas no lado de tensão, e esse estímulo mecânico provoca uma série de respostas nos fibroblastos e osteoblastos, as quais favorecem a osteogênese. Ocorre proliferação de fibroblastos, recrutamento de células progenitoras de osteoblastos e intenso remodelamento das fibras da matriz extracelular, com predomínio de atividade anabólica sobre o colágeno. As forças de tensão provocam aumentos simultâneos na expressão de MMPs e de inibidores teciduais de metaloproteinases (TIMPs), o que explica o predomínio da atividade anabólica no lado de tensão do ligamento. Os principais mediadores químicos envolvidos na deposição óssea deste lado incluem o fator de crescimento transformador beta (TGF-β), a interleucina 10 (considerada uma citocina anti-inflamatória, pois inibe a reabsorção óssea) e várias proteínas morfogenéticas (Fig. 8.2).

Além das clássicas respostas explicadas anteriormente, as forças ortodônticas também provocam alterações neurais e vasculares

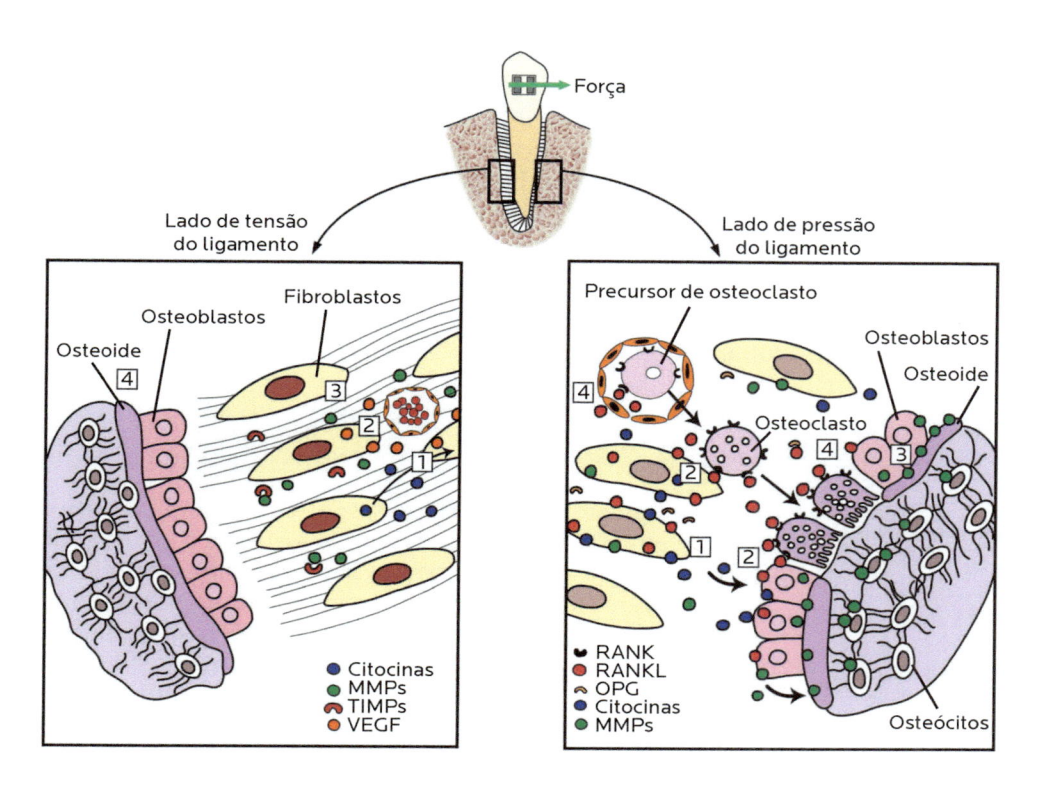

Figura 8.2 – Lado de tensão: forças de tensão induzem os fibroblastos a sintetizar citocinas (1), as quais estimulam a liberação de VEGF que promove a angiogênese (2); os fibroblastos sintetizam mais MMPs e TIMPs, favorecendo a síntese de colágeno (3); os osteoblastos entram em fase de síntese de nova matriz óssea (4). No lado de pressão, os fibroblastos produzem citocinas (1) que promovem o aumento na expressão de RANKL e MMPs pelos osteoblastos e fibroblastos (2). As MMPs degradam as partes não mineralizadas da matriz extracelular (3). O RANKL estimula a formação e ativação dos osteoclastos que degradam a matriz mineralizada do osso (4).

Fonte: Adaptada de Meikle.[3]

durante a movimentação dentária. O ligamento periodontal possui uma grande quantidade de mecanorreceptores (do tipo Ruffini) e nociceptores (terminações nervosas livres), os quais aumentam a produção dos neuropeptídeos substância P e peptídeo relacionado com o gene de calcitonina quando estimulados pela força ortodôntica. Estes neuropeptídeos são capazes de provocar vasodilatação e aumento de permeabilidade vascular, além de ativar uma série de células inflamatórias e imunes envolvidas na remodelação tecidual do movimento ortodôntico. Esse tipo de resposta inflamatória pode ocorrer tanto no periodonto como na polpa dentária, o que contribui com a dor ortodôntica relatada pela maioria dos pacientes nos três primeiros dias após a ativação dos aparelhos. Em relação às respostas vasculares, destaca-se a formação de novos vasos sanguíneos (angiogênese), que ocorre durante a movimentação dentária, sendo o fator de crescimento do endotélio vascular (VEGF) – expresso por fibroblastos, osteoblastos e osteoclastos – o principal mediador dessa resposta.

INFLUÊNCIA DOS FÁRMACOS NA MOVIMENTAÇÃO DENTÁRIA INDUZIDA

Os fármacos que afetam a velocidade da movimentação dentária ortodôntica podem ser divididos em três categorias principais: anti-inflamatórios não esteroides (AINEs), corticosteroides e bifosfonatos.

ANTI-INFLAMATÓRIOS NÃO ESTEROIDES

LEMBRETE

Na odontologia, os AINEs são usados principalmente para a redução de dor e edema após extração de terceiros molares e para o alívio das dores endodôntica, ortodôntica e por disfunção temporomandibular. Nesses casos, normalmente são utilizados de forma esporádica, e isso deve ser levado em consideração no momento de avaliar seus possíveis efeitos na movimentação dentária.

Os anti-inflamatórios não esteroides (AINEs) situam-se entre os medicamentos mais utilizados na prática médica e odontológica, pois possuem efeitos analgésico, antipirético e anti-inflamatório, sendo prescritos para várias condições, tais como artrite reumatoide, osteoartrite, gota, enxaqueca, dor pós-operatória, bem como para prevenção de doenças cardiovasculares e alguns tipos de câncer (p. ex., do sistema gastrintestinal e urinário). Obviamente as prescrições apresentam diferenças importantes, visto que pacientes com doenças crônicas, como a artrite reumatoide, recebem doses relativamente altas e por um longo período, enquanto que para prevenção de doença cardiovascular ou câncer os medicamentos são prescritos por longos períodos, porém em doses mais baixas.

Os AINEs inibem a enzima ciclo-oxigenase (COX), responsável pela síntese de prostaglandinas a partir do ácido araquidônico na membrana plasmática celular. Existem basicamente dois tipos de COX. A COX-1 (constitutiva) possui papel importante na homeostase tecidual, enquanto a COX-2 (indutiva) relaciona-se principalmente com o desenvolvimento da inflamação. Os diversos tipos de AINEs apresentam capacidades de inibição diferenciadas sobre as duas enzimas, e aqueles que inibem preferencialmente a COX-2 também são chamados de coxibes. Visto que as prostaglandinas participam do processo de movimentação dentária induzida (p. ex., estimulando a diferenciação e a ativação de osteoclastos), a maioria dos AINEs pode retardar a velocidade do movimento ortodôntico (Tab. 8.1).

GLICOCORTICOSTEROIDES

Os glicocorticosteroides representam um grupo de esteroides sintéticos amplamente utilizados na terapia de doenças inflamatórias e autoimunes. Seus efeitos anti-inflamatórios baseiam-se no bloqueio indireto da fosfolipase A2 e na supressão das enzimas COX-1 e COX-2. A administração aguda desses fármacos normalmente não afeta a movimentação dentária, mas doses crônicas podem acelerar a taxa de movimentação. Uma explicação para esse resultado aparentemente paradoxal relaciona-se à possibilidade de o excesso de glicocorticoides causar redução na absorção intestinal de cálcio e consequente elevação nos níveis de paratormônio, hormônio capaz de aumentar a reabsorção óssea.

TABELA 8.1 – **Efeitos de fármacos no metabolismo ósseo e movimentação dentária**

Fármacos	Efeitos no metabolismo ósseo	Efeitos na movimentação dentária
AINEs		
Salicilatos (p. ex., Aspirina)	↓ reabsorção óssea	↓ movimento dentário
Diclofenaco (p. ex., Voltaren)	↓ reabsorção óssea	↓ movimento dentário
Ibuprofeno (p. ex., Advil)	↓ reabsorção óssea	↓ movimento dentário
Indometacina (p. ex., Indocid)	↓ reabsorção óssea	↓ movimento dentário
Celecoxib (p. ex., Celebra)	↓ reabsorção óssea	↓ movimento dentário
Corticosteroides	↑ reabsorção óssea (uso prolongado)	↑ movimento dentário
Bifosfonatos	↓ reabsorção óssea	↓ movimento dentário
Paracetamol	sem comprovação	não influencia

BIFOSFONATOS

Esta classe de fármacos inibe seletivamente os osteoclastos, sendo usada no tratamento de várias doenças ósseas associadas com reabsorção óssea excessiva, como osteopenia e osteoporose. Estudos em animais e em humanos demonstraram que tanto a aplicação tópica quanto a aplicação sistêmica de bifosfonatos podem retardar significativamente a movimentação dentária.

O paracetamol possui ações analgésica e antipirética, mas não possui ação anti-inflamatória nas doses utilizadas. Além disso, seu uso apresenta efetividade no alívio da dor ortodôntica e não interfere na movimentação dentária, sendo, portanto, um fármaco indicado para redução da dor induzida por ativação dos aparelhos fixos.

> **ATENÇÃO**
>
> Os ortodontistas devem monitorar cuidadosamente pacientes que fazem ou fizeram uso de bifosfonatos, pois esses fármacos são capazes de se incorporar à matriz óssea, influenciando o metabolismo ósseo até mesmo após anos da interrupção do tratamento.

INFLUÊNCIA DOS FATORES SISTÊMICOS NA MOVIMENTAÇÃO DENTÁRIA INDUZIDA

Os hormônios sexuais, os hormônios tireóideos, o paratormônio e a vitamina D representam os principais fatores sistêmicos capazes de afetar a velocidade da movimentação dentária ortodôntica.

HORMÔNIOS SEXUAIS

Os estrogênios representam os principais hormônios capazes de afetar o metabolismo ósseo em mulheres. Como possuem ação inibitória sobre a produção de citocinas envolvidas na ativação osteoclástica e na reabsorção óssea, espera-se que a administração desses hormônios possa inibir a movimentação dentária. Estudos em animais identificaram uma relação inversa entre velocidade de movimentação dentária e níveis séricos de estrogênio.

Em humanos, um estudo de caso relatou o atraso na movimentação dentária em uma paciente na menopausa que fazia reposição de estrogênio há 3 anos. Alguns autores ainda sugerem que a movimentação dentária poderia ser acelerada se as ativações ortodônticas fossem agendadas após o período de ovulação, quando os níveis de estrogênio encontram-se baixos, e outros sugerem que o uso prolongado de contraceptivos orais poderia retardar a movimentação.

HORMÔNIOS TIREÓIDEOS

Os hormônios tireóideos desempenham papel essencial no crescimento e no desenvolvimento dos vertebrados, estimulando o crescimento cartilaginoso, intensificando a resposta ao hormônio do crescimento e influenciando o remodelamento ósseo por ações diretas e indiretas. Os hormônios tireóideos ativam os osteoclastos diretamente e afetam indiretamente o metabolismo ósseo por aumentarem a produção de fatores de crescimento. Vários estudos em animais relatam que a administração de hormônios tireóideos acelera a movimentação dentária, ao mesmo tempo que diminui o grau de reabsorção radicular. Entretanto, a aplicação clínica desses fármacos ainda precisa ser avaliada.

HORMÔNIO PARATIREÓIDEO

O hormônio paratireóideo ou paratormônio (PTH) é produzido pelas glândulas paratireoides e tem a função de regular a concentração plasmática de cálcio. Suas ações concentram-se nos rins, pelo aumento na reabsorção de cálcio, e nos ossos, pelo aumento na reabsorção óssea. Embora o PTH normalmente promova a reabsorção óssea, a administração de doses baixas e intermitentes tem efeito anabólico sobre o osso, aumentando a densidade óssea. Por isso, o PTH costuma ser usado em pacientes com osteoporose grave. Os efeitos do PTH na movimentação dentária foram testados apenas em animais, e a maioria dos resultados demonstrou que a administração crônica do hormônio pode acelerar a movimentação ortodôntica.

VITAMINA D

A principal fonte de vitamina em humanos provém da pele, pela ação da radiação ultravioleta. Sua forma ativa consiste na 1,25 diidroxicolecalciferol, cuja função primária é elevar os níveis plasmáticos de cálcio e fósforo, atuando no intestino, nos rins e nos ossos. Sua ação no metabolismo ósseo é bastante complexa, pois, apesar de atuar em conjunto com o PTH, promovendo aumento da atividade osteoclástica, a vitamina D também favorece a mineralização óssea. A relação entre vitamina D e movimentação dentária foi estudada apenas em experimentos com animais, nos quais foi observada uma maior taxa de movimentação dentária após a administração local de vitamina D.

Mastigação

**MARIE-AGNÈS PEYRON
CARLOS AMILCAR PARADA
ALAIN WODA**

No homem, o processamento vital da alimentação pode ser dividido em três etapas: ingestão, mastigação e deglutição. A mastigação define a fase oral do processamento alimentar, essencial para a preparação do alimento sólido para a deglutição. A boca também é um órgão sensorial, e é durante o processo de mastigação que se elabora o julgamento sensorial dos alimentos que, em última análise, reflete na preferência alimentar. Quando o alimento é semissólido, não há necessidade de destruição mecânica, porém ele é submetido a forças de deformação na cavidade oral pelos movimentos da língua contra o palato e pela contração da musculatura da boca.

LEMBRETE

O papel fundamental da mastigação é degradar o alimento sólido em partículas pequenas, formando um bolo alimentar insalivado, de maneira a permitir uma deglutição fácil e indolor.

MÚSCULOS DO SISTEMA ESTOMATOGNÁTICO E FORÇAS MASTIGATÓRIAS

Os principais músculos do sistema estomatognático, que se contraem para promover a elevação da mandíbula (fechamento bucal), são os masseteres, os temporais e os pterigóideos mediais. Também integram esse sistema os músculos que se contraem para promover a depressão da mandíbula (abertura bucal), principalmente o digástrico e os pterigóideos laterais. A magnitude das forças musculares do sistema estomatognático durante o ato de morder é muito diferente da magnitude das forças musculares durante a mastigação.[1] As forças maxilares variam em torno de 700N (aproximadamente 71,4 quilogramas-força) na região dos primeiros molares, e de 100 a 200N (aproximadamente 10 a 20,4 quilogramas-força) na região dos incisivos. A força máxima total registrada sobre toda mandíbula é da ordem de 60 a 75 quilogramas-força. Contudo, as forças desenvolvidas pelo sistema estomatognático durante a mastigação representam em média 10% das forças máximas. Em pacientes com aparelho dentário, a força mastigatória total varia de 10 a 50N (1,2 a 5,1 quilogramas-força), dependendo da alimentação.

O ATO DA MASTIGAÇÃO

Um ciclo mastigatório corresponde à sincronização de movimentos de depressão (abertura bucal) e elevação (fechamento bucal) da mandíbula. No plano coronal da face (plano frontal), a trajetória típica da mandíbula tem uma forma de "gota d'água". Considerando o plano coronal da face, o movimento de abertura bucal ocorre associado a um leve afastamento da mandíbula para o lado não envolvido na mastigação, retornando para o lado envolvido antes de se completar a abertura bucal (Fig. 9.1A).

LEMBRETE

O papel da língua, dos lábios, das bochechas e do palato é importante para agrupar os fragmentos de alimentos de modo a formar o bolo alimentar, recolocando-o e mantendo-o entre os dentes para o seu completo processamento até estar pronto para ser deglutido.

Assim que os dentes entram em contato com os alimentos, inicia-se a fase de processamento mecânico dos alimentos (corte, trituração ou esmagamento, dependendo do tipo de dente). O fechamento bucal continua até que os dentes opostos entrem em contato, deslizando inicialmente e, em seguida, ocluindo-se com máxima intercuspidação. Essa fase corresponde ao final do ciclo mastigatório. O conjunto de todos os ciclos descritos pela mandíbula após o alimento ter sido colocado na boca até a sua deglutição corresponde a uma sequência de mastigação (Fig. 9.1B). Os ciclos mastigatórios apresentam variação no início, no meio e no fim de uma sequência mastigatória, dependendo da textura dos alimentos a serem mastigados.

Figura 9.1 – Ciclo mastigatório. (A) Vista frontal do movimento descrito pelo ponto incisal durante a mastigação no lado esquerdo da mandíbula. (B) Sobreposição dos ciclos mastigatórios descritos em uma sequência de mastigação.

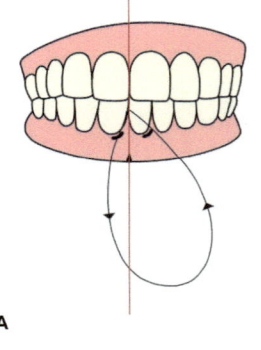

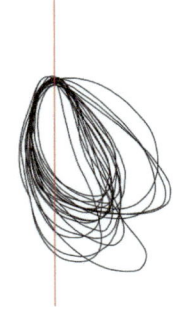

RECEPTORES SENSORIAIS ASSOCIADOS À MASTIGAÇÃO

Os vários receptores do sistema estomatognático como um todo e os da cavidade oral em particular fornecem continuamente ao SNC informações precisas e completas sobre os eventos relacionados à mastigação e à degradação dos alimentos. Eles estão envolvidos, por um lado, nos reflexos do sistema estomatognático e, por outro, na apreciação e na percepção das características do bolo alimentar. Esses receptores constantemente enviam informações aos centros superiores do sistema nervoso, permitindo que ocorra permanentemente um ajuste dos movimentos e das forças mastigatórias em resposta às modificações que ocorrem no ambiente da cavidade oral decorrentes do próprio ato de mastigação e da degradação dos alimentos.

Os receptores encontrados na cavidade oral captam características físicas e químicas dos alimentos e as transformam em informações sensoriais. Essas informações chegam então ao SNC, que elabora as percepções qualitativas dos alimentos, as quais são importantes para os mecanismos de aceitabilidade dos alimentos e preferência de cada indivíduo com relação à sua alimentação.

Os fusos musculares localizados nos músculos esqueléticos do sistema estomatognático são sensíveis ao estiramento muscular, e, quando estimulados, promovem a contração dos músculos mastigatórios. Já os órgãos tendinosos de Golgi estão localizados nas junções musculotendíneas e desempenham um papel na avaliação e no controle da força de contração dos músculos esqueléticos envolvidos na mastigação, inibindo a contração muscular quando estimulados. Em conjunto, esses receptores participam das respostas reflexas da mastigação e têm um papel fundamental na execução e detecção da amplitude dos movimentos.

O periodonto, incluindo o ligamento periodontal, é rico em mecanorreceptores e terminações nervosas livres que são ativadas durante a mastigação. Eles permitem a detecção e discriminação das forças aplicadas nos dentes e são importantes para o controle da posição da mandíbula em contato com o bolo alimentar. A articulação temporomandibular (ATM) também é rica em mecanorreceptores, os quais são estimulados por deformação mecânica durante os movimentos da mandíbula do mesmo modo como em outras articulações do corpo. O Capítulo 2 deste livro apresenta um maior detalhamento sobre os receptores da região orofacial.

A fragmentação mecânica dos alimentos aumenta a superfície de contato destes com a saliva e não raramente provoca a liberação de moléculas aromáticas e sápidas (que possuem gosto), voláteis ou solúveis. Assim, os quimiorreceptores localizados na língua e no nariz são importantes para a sensação do paladar e do aroma dos alimentos, os quais são determinantes para a percepção do sabor dos alimentos durante a mastigação.

LEMBRETE

Os mecanorreceptores da mucosa oral são importantes para a percepção dos aspectos físicos da superfície do alimento, como textura, forma e tamanho. Por serem sensíveis aos estímulos mecânicos, também fornecem informações sobre a posição do bolo alimentar na cavidade oral.

SAIBA MAIS

As sensações fornecidas pelo paladar e pelo olfato pelo aroma dos alimentos determinam a percepção do sabor. É por isso que, quando estamos resfriados, a comida fica sem sabor, embora o nosso paladar continue intacto.

INERVAÇÃO E CONTROLE NEURAL DA MASTIGAÇÃO

A atividade rítmica e coordenada da mastigação é controlada pelo centro mastigatório localizado no tronco cerebral, no SNC. O centro mastigatório integra as informações provenientes tanto do sistema estomatognático como um todo, incluindo a cavidade oral, quanto as provenientes de áreas superiores do SNC, como o córtex, em especial os córtex somatossensorial, gustativo e olfatório.

As informações somáticas sobre o estado do bolo alimentar são transmitidas pelos nervos glossofaríngeo (IX), lingual e facial (VII) e pelos ramos maxilar e mandibular do nervo trigeminal (V). O centro da mastigação está por trás da gênese do ritmo característico da mastigação e também é responsável pelos ajustes das atividades dos diferentes músculos do sistema estomatognático, mantendo assim a sua eficiência durante todo o processo de mastigação.

No centro mastigatório ocorre a integração sensório-motora necessária para uma atividade rítmica e coordenada dos músculos da mastigação. As informações provenientes de núcleos sensoriais relativos à inervação aferente do sistema estomatognático, principalmente dos núcleos sensorial principal e espinal do trigêmeo, do núcleo mesencefálico, do núcleo facial e do núcleo solitário são integradas no centro mastigatório, o qual envia informações para os núcleos motores, sobretudo o núcleo motor do trigêmeo.

O centro mastigatório não é uma estrutura anatomicamente distinguível no SNC, como os gânglios nervosos e os núcleos sensoriais e motores. Consiste em uma rede formada por neurônios oriundos dos núcleos sensoriais e motores, conectados entre si por sinapses excitatórias e inibitórias de modo a induzir um movimento ritmado e coordenado dos músculos mastigatórios, o qual permite uma maior eficiência da função de transformar o alimento em bolo alimentar.

O centro mastigatório tem como objetivo adaptar a atividade motora da mastigação de acordo com as informações sobre o alimento e, posteriormente, sobre o bolo alimentar. Vários experimentos em humanos (envolvendo a realização de bloqueios dos nervos sensoriais com anestésicos) e em animais de laboratório (envolvendo o seccionamento de nervos sensoriais) demonstraram que as informações periféricas são essenciais para a manutenção da regularidade dos ciclos mastigatórios.

Durante uma sequência mastigatória, o estado do bolo alimentar varia continuamente de tamanho, forma e dureza, exigindo uma alteração correspondente no controle motor da mastigação. A pré-programação existente no centro mastigatório permite que cada ciclo mastigatório seja reavaliado e que os parâmetros motores do próximo ciclo sejam ajustados de acordo com as necessidades impostas pelo bolo alimentar. As consequências dessas mudanças adaptadas às novas condições orais são sobretudo alterações na força muscular, na amplitude e na forma do movimento mastigatório e na duração e na frequência das diferentes fases do ciclo mastigatório, sempre de acordo com o estado dos alimentos.

SAIBA MAIS

Os mecanismos que desencadeiam a deglutição do bolo alimentar após um ciclo mastigatório são complexos e ainda pouco compreendidos. Tem sido sugerido que o estímulo desencadeador da deglutição pode apresentar dois componentes: o grau de redução do alimento e o grau de insalivação do bolo alimentar. Esses dois componentes estariam associados a um limiar que, uma vez alcançado e em condições fisiológicas normais, daria início à deglutição.

APORTE DE SALIVA

O reflexo de salivação desencadeado por estimulação mecânica desempenha um papel essencial na mastigação. Nos seres humanos, a produção diária de saliva é muito variável, e a média é de cerca de 750mL por dia. O fluxo salivar é de cerca de 150mL/h durante a estimulação, especialmente durante as refeições.

A salivação aumenta de acordo como volume do bolo alimentar. Durante a mastigação, a presença da saliva inicia uma etapa inicial da digestão graças à presença de enzimas salivares, principalmente as amilases. A saliva também é rica em mucinas que lubrificam o bolo alimentar, permitindo assim que ele deslize facilmente sobre a mucosa oral e faríngea durante a deglutição.

LEMBRETE

A saliva desempenha um papel importante na percepção dos sabores e aromas, uma vez que vários compostos aromatizantes estimulam receptores apenas quando dissolvidos em saliva.

MÉTODOS DE ESTUDOS DA MASTIGAÇÃO

A mastigação pode ser estudada em três níveis diferentes: pelo registro das contrações dos músculos mastigatórios, pela análise das características físicas do bolo alimentar e pelos efeitos da mastigação na saúde geral dos indivíduos.

No primeiro caso, a observação é feita durante a função dos músculos mastigatórios por meio de eletromiografia (EMG), realizada com a colocação de eletrodos de superfície na pele sobre os músculos considerados. Os movimentos mandibulares podem ser registrados usando recursos de campo magnético, óptico ou de vídeo. Muitos parâmetros podem ser extraídos a partir dos registos de uma sequência de atos de mastigação, tais como a atividade muscular total, a média da atividade que reflete o trabalho realizado, o número e a frequência de ciclos, bem como a amplitude dos movimentos da mandíbula.

As características físicas do bolo alimentar podem ser analisadas no final de um ciclo mastigatório. Com isso, é possível sugerir características funcionais mastigatórias do sistema estomatognático como um todo. Diferentes alimentos podem ser utilizados para os testes. Também produtos não alimentares, tais como elastômeros e ceras dentárias, são usados para tentar reduzir a complexidade da alimentação. Modelos de alimentos têm sido desenvolvidos com o objetivo de se estudar as funções mastigatórias em diferentes circunstâncias fisiológicas em pacientes normais e durante condições patológicas. Esses produtos são estáveis, possuem textura padronizada, são reprodutíveis e passíveis de mastigações funcionais.

SAIBA MAIS

Alguns dos alimentos naturais mais comumente utilizados para a análise do bolo alimentar são os amendoins e as cenouras, em razão da relativa homogeneidade de sua estrutura e da facilidade em mensurar o tamanho das partículas no bolo alimentar antes da deglutição. Outros alimentos, tais como queijo ou carne, também já foram utilizados em estudos sobre a mastigação.

Já os efeitos da mastigação sobre a saúde geral dos indivíduos têm sido estudados pela observação do impacto da mastigação na biodisponibilidade de nutrientes. Por meio desses estudos, tem sido sugerido que a preparação mecânica apropriada dos alimentos ingeridos por via oral aumenta a disponibilidade de nutrientes e, portanto, influencia os aspectos nutricionais dos indivíduos.

VARIABILIDADE INDIVIDUAL DA MASTIGAÇÃO

Há uma grande variabilidade de todos os parâmetros da mastigação entre indivíduos. Isso pode ser observado no número de ciclos mastigatórios, na frequência e na velocidade de abertura e fechamento bucal, na amplitude do deslocamento lateral e da contração muscular e até no envolvimento dos músculos mastigatórios.

Estudos têm demonstrado que os parâmetros da mastigação variam de acordo com o estado bucodental, a idade e o sexo. Por exemplo, a mastigação em indivíduos com próteses totais é caracterizada por um aumento do número de ciclos mastigatórios e uma diminuição de sua frequência em comparação com indivíduos da mesma idade e com dentes naturais saudáveis (Fig. 9.2). Em pacientes com próteses

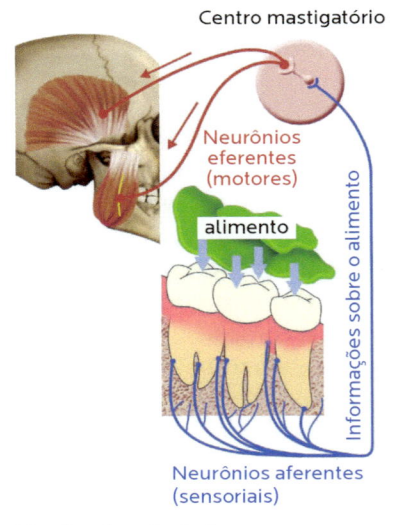

Mastigação adaptada

O centro mastigatório recebe informações sobre a textura dos alimentos por meio de receptores encontrados no periodonto, ajustando o controle da força muscular e frequência dos ciclos mastigatórios para permitir maior eficiência da mastigação.

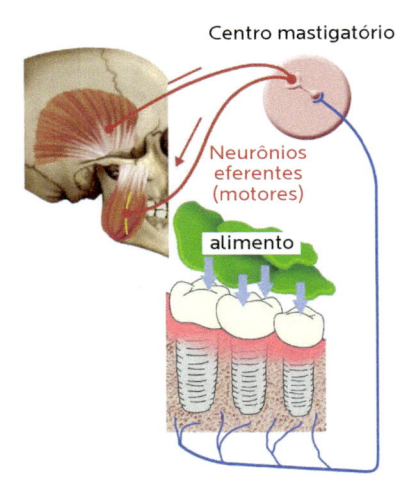

Mastigação não adaptada

As próteses dificultam o ajuste da força muscular e frequência dos ciclos mastigatórios devido à falta de receptores periodontais.

Figura 9.2 – Participação do centro mastigatório no controle da mastigação. Embora o centro mastigatório seja capaz de gerar o padrão mastigatório independentemente de informações provenientes do tecido periférico, receptores encontrados no periodonto, ATMs, língua e mucosa oral enviam informações para o centro mastigatório referentes a textura, dureza e paladar dos alimentos, possibilitando que o centro mastigatório ajuste a frequência dos ciclos mastigatórios e a força muscular adaptando a mastigação aos alimentos. Este processo permite maior eficiência mastigatória e a formação de um bolo alimentar mais adequado à digestão química. A falta de dentes naturais, mesmo com a presença de próteses, dificulta o ajuste da mastigação pelo centro mastigatório devido à diminuição das informações proveniente do periodonto.

totais, a atividade eletromiográfica dos músculos da mastigação também é reduzida. Além disso, a capacidade de adaptação desses músculos ao aumento da dureza dos alimentos é drasticamente diminuída (Fig. 9.3).

O efeito da idade na mastigação está associado às alterações funcionais dos músculos mastigatórios, às modificações estruturais dos tecidos orais e às alterações funcionais normais do SNC com a idade. Tais alterações devem ser diferenciadas daquelas causadas pela perda parcial ou total dos dentes, que muitas vezes ocorre em pessoas idosas. Na ausência de perdas dentárias significativas, o envelhecimento normal provoca um aumento natural do número de ciclos mastigatórios (em média, cerca de 0,3 ciclos/ano) necessários para a formação do bolo alimentar.

LEMBRETE

Em pessoas com dentes naturais saudáveis, o aumento dos ciclos mastigatórios é proporcional à dureza do produto mastigado.

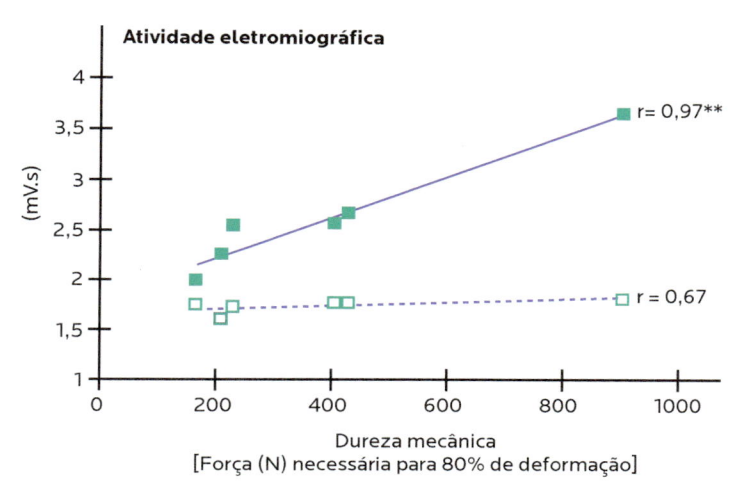

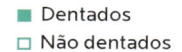

Figura 9.3 – Registro eletromiográfico do músculo temporal (mV.s) durante a mastigação em função da dureza mecânica de amostras de carne (medida em newtons) em indivíduos com dentes normais e com prótese total.[2]

ADAPTAÇÃO DA MASTIGAÇÃO ÀS PROPRIEDADES DOS ALIMENTOS

As propriedades dos alimentos que têm sido mais estudadas em relação à mastigação são a reologia, a dureza e o volume ingerido. Foi demonstrado que um aumento na dureza dos alimentos leva a um aumento do número de ciclos mastigatórios e a um aumento da atividade dos músculos envolvidos na mastigação. Já a frequência mastigatória não é afetada pela dureza dos alimentos.

O tamanho inicial dos alimentos ingeridos possui um impacto significativo nos parâmetros mastigatórios, incluindo os movimentos

Reologia

Ciência que estuda a deformação e o escoamento de material sólido, líquido ou gasoso quando uma força é aplicada sobre ele. Portanto, reologia dos alimentos diz respeito à propriedade dos alimentos se deformarem e escoarem durante a mastigação.

> **LEMBRETE**
>
> As estratégias usadas pelo centro mastigatório para uma função mastigatória eficiente são determinadas pela dureza inicial dos alimentos, que é percebida após os primeiros contatos dos dentes com os alimentos.

> **SAIBA MAIS**
>
> Em países com alto grau de desenvolvimento tecnológico, as indústrias alimentícias investem muito em estudos sobre as alterações que os comportamentos reológicos dos alimentos induzem na mastigação. Esses parâmetros têm sido essenciais para o desenvolvimento de produtos alimentares de alta qualidade.

mandibulares. Um aumento do tamanho dos alimentos ingeridos leva a um aumento dos ciclos mastigatórios, da frequência da mastigação e da amplitude dos movimentos mandibulares.

A textura dos alimentos também influencia a mastigação de várias formas. A adaptação da mastigação ao comportamento reológico dos alimentos reflete essencialmente uma mudança na forma geral dos ciclos mastigatórios. A frequência de mastigação é especificamente influenciada pelo comportamento reológico dos alimentos. Normalmente, alimentos com menor deformidade são mastigados com uma frequência mais baixa que aquela usada para alimentos elásticos.

MASTIGAÇÃO FUNCIONAL VERSUS MASTIGAÇÃO ANORMAL

Recentemente foram introduzidos alguns princípios gerais que permitem diferenciar clinicamente uma mastigação normal de uma mastigação alterada.[3] Quatro critérios foram propostos:

- recusa de ingestão de alimentos por serem demasiadamente difíceis de mastigar;[4]
- incapacidade para se adaptar ao aumento da dureza de determinado alimento;[5,6]
- diminuição da frequência dos ciclos mastigatórios de uma sequência mastigatória dada por um grupo de sujeitos em circunstâncias semelhantes;[5,6]
- tamanho médio de partículas de cenoura crua a partir de um bolo alimentar obtido imediatamente antes de engolir ser maior do que 4mm.[8]

Tais critérios têm sido sugeridos para diferenciar um indivíduo cujos parâmetros mastigatórios estão aquém de uma mastigação eficiente quando comparados à média da população, segundo alguns estudos realizados. Embora esses critérios não sejam definitivos para um diagnóstico final de uma mastigação pouco funcional, servem como base para se investigar possíveis disfunções do sistema estomatognático.

Há uma situação intermediária entre a mastigação alterada e a mastigação perfeitamente saudável. Nesse caso, o indivíduo é capaz de formar um bolo alimentar normal, mas à custa de uma adaptação que se traduz por um aumento no número de ciclos mastigatórios e consequentemente da duração da sequência de ciclos, bem como por um aumento do trabalho exercido pelos músculos mastigatórios. Vários pacientes nos quais as arcadas dentárias estão incompletas ou alteradas estão nessa situação.

CONSIDERAÇÕES FINAIS

A mastigação é tipicamente um movimento rítmico que, embora inicie e termine voluntariamente, tem um padrão de movimentos cíclicos gerado pelo SNC. Esse movimento é ajustado automaticamente por informações provenientes do sistema nervoso periférico, o qual informa ao centro mastigatório a textura, a dureza e o paladar dos alimentos. O controle da mastigação é, portanto, complexo e envolve uma rede neuronal que integra informações sensoriais e motoras.

Parece não restar dúvidas quanto à importância do ato mastigatório para o processamento inicial dos alimentos durante a digestão. No entanto, pouco se conhece sobre o controle neuronal da mastigação e sobre a forma pela qual o comportamento mastigatório influencia o desenvolvimento anatômico do sistema estomatognático. Embora não existam muitos estudos sistemáticos demonstrando o papel da mastigação no desenvolvimento dos ossos da face, tem sido observado que a mastigação unilateral induz a um crescimento assimétrico dos ossos maxilares. Uma melhor compreensão dos mecanismos envolvidos no controle da mastigação certamente permitirá que os profissionais da saúde ajudem a prevenir distúrbios no desenvolvimento facial e maloclusões dentárias.

Fisiologia da fala e da fonação

REGINA YU SHON CHUN
KELLY C. A. SILVERIO
ELENIR FEDOSSE
LUCIA FIGUEIREDO MOURÃO

A linguagem verbal (oral, escrita e de sinais) é uma atividade eminentemente humana que se constitui nas interações sociais. A linguagem oral (fala) suporta-se em estruturas do sistema respiratório e digestório, motivo pelo qual a produção da fala deve ser estudada em seus aspectos orgânicos e sociais.

Este capítulo aborda a fisiologia da fala e da fonação em uma perspectiva integrada e integral do ser humano. Desse modo, as estruturas envolvidas nesses processos não são apresentadas apenas como partes do corpo que funcionam, produzindo um som articulado, mas sim em uma abordagem holística, buscando-se melhor conhecer essa complexa produção humana.

PRODUÇÃO DA FALA

A linguagem é uma atividade eminentemente humana e complexa que põe em relação aspectos orgânicos (estruturas biológicas) e sociais (interação entre as pessoas em determinado momento histórico-cultural). Pode manifestar-se como linguagem oral (fala), linguagem escrita e linguagem de sinais (mais conhecida como língua dos surdos).

A fala implica a realização de movimentos fonoarticulatórios desencadeados e encadeados, necessariamente, para alcançarem um determinado fim. Falar supõe volição (ato de vontade, no caso em questão, o querer dizer) que, por sua vez, exige conhecimento e planejamento prévios. Estes, quando executados, produzem mudanças na própria pessoa e nas relações dela com outras, além das mudanças no mundo físico. Nesse sentido, ter e usar linguagem implica sempre significar (produzir sentido), ou seja, representar sinais e ícones das experiências humanas por meio de signos verbais (abstratos e arbitrários).

Pode-se dizer que a fala é a maneira mais rápida e econômica de se produzir e interpretar sentido, o que não exclui sua complexidade, pelo contrário, intensifica-a. Sabe-se que os órgãos fonoarticulatórios (OFAs) são duplamente especializados, servindo à sobrevida (alimentação e respiração) e à produção fonoarticulatória. Por isso, seu estudo é do interesse de diferentes núcleos profissionais da saúde, como a odontologia e a fonoaudiologia.

Falar exige um funcionamento sistêmico e integrado de vários sistemas: o **respiratório**, que envolve pulmões, músculos da caixa torácica, brônquios e traqueia; o **fonatório**, que abrange a laringe; e o **articulatório**, que compreende faringe, língua, nariz, palato duro e mole, dentes e lábios. Apesar de integrados, cada um desses sistemas tem suas particularidades no que se refere ao controle, à extensão e à quantidade de estruturas e grupos musculares envolvidos. A fala envolve, ainda, o sistema auditivo, que não será tratado aqui por ser de natureza sensorial, e não motora.

A boca é considerada a cavidade mais móvel e ajustável do trato vocal. Por esse motivo, os órgãos fonoarticulatórios estão associados à articulação fonêmica (articulação dos sons de fala). As estruturas da boca assumem importante papel no processo da produção oral, pois possibilitam a modificação das características de ressonância do trato vocal (abordado adiante) e a articulação dos fonemas (sons de fala).

Em termos linguísticos, falar implica selecionar e combinar unidades linguísticas, ou seja, quem fala seleciona e combina traços distintivos (propriedades capazes de diferenciar um segmento linguístico de outro) para compor os fonemas, que, por sua vez, são selecionados e combinados em sílabas, palavras, frases e enunciados, segundo o sistema sintático da língua que utiliza. Todas as línguas naturais possuem vogais (segmentos vocálicos) e consoantes (segmentos consonantais) que podem ser classificadas por suas características articulatórias e/ou acústicas. Em termos articulatórios, uma vogal é produzida sem obstrução da corrente de ar nas cavidades supraglotais, enquanto uma consoante é produzida com algum tipo de obstrução (total ou parcial) da passagem do ar.

As vogais são descritas segundo a posição da língua (alta, média-alta, média–baixa ou baixa; anterior, central ou posterior); dos lábios (arredondados ou não) e do véu palatino (elevação ou abaixamento). Além disso, as vogais podem ser orais (sem escape de ar pelo nariz) e nasais (com escape de ar pelo nariz). A Tabela 10.1 apresenta a classificação das vogais orais tônicas da nossa língua, o Português Brasileiro (PB), acompanhada de alguns exemplos.

A classificação articulatória das consoantes leva em conta quatro aspectos: o mecanismo, a direção e a maneira utilizada na obstrução do ar; a vibração ou não das pregas vocais; a posição do véu palatino; e os articuladores (ativos e passivos) envolvidos.

Os pontos articulatórios, apresentados na Figura 10.1, são os seguintes:

- bilabial (encontro do lábio inferior com o superior);
- labiodental (encontro do lábio inferior com os dentes superiores);

TABELA 10.1 – **Classificação das vogais tônicas orais do Português Brasileiro**

	Anterior	Central	Posterior
	Lábios não arredondados		Lábios arredondados
Alta	i (v**i**da, end**i**reitado)		u (**u**nha, ad**u**lto)
Média-alta	e (**e**difício, dete**r**minado)		o (**o**uvido)
Média-baixa	ɛ (**é**, p**é**)		ɔ (p**ó**, consult**ó**rio)
Baixa		a **a**mar	

Fonte: Adaptada de Silva.[1]

- dental (encontro da língua com os dentes incisivos superiores);
- alveolar (encontro da língua com o alvéolo);
- alveolopalatal (encontro da parte anterior da língua com a parte medial do palato duro);
- palatal (encontro da parte média da língua com a parte final do palato duro);
- velar (encontro da parte posterior da língua com o palato mole);
- glotal (os músculos ligamentais da glote comportam-se como articuladores).

Os modos articulatórios são os seguintes:

- oclusivo (o véu palatino está fechado e ocorre obstrução completa da passagem da corrente aérea na boca);
- nasal (o véu palatino está aberto e ocorre obstrução completa da passagem da corrente de ar na boca);
- fricativo (obstrução parcial da passagem da corrente de ar na boca, por aproximação dos articuladores);

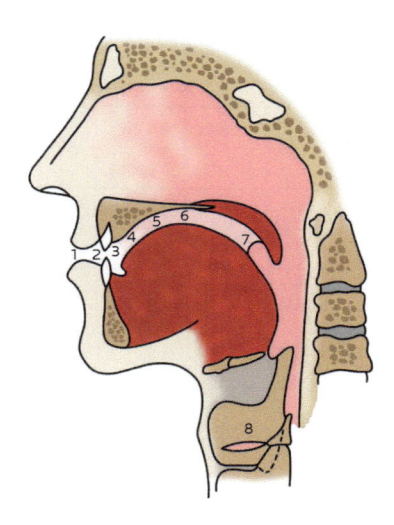

Figura 10.1 – Pontos de articulação:
(1) bilabiais; (2) labiodentais;
(3) dentais; (4) alveolares;
(5) palato-alveolares; (6) palatais;
(7) velares; (8) glotais.

- africado (inicialmente os articuladores produzem uma obstrução completa (como na produção de um oclusivo) e no final, após soltura da oclusão, ocorre uma aproximação dos articuladores (como na produção de um fricativo);
- tepe ou vibrante simples (o articulador ativo toca rapidamente o articulador passivo ocorrendo rápida obstrução da passagem de ar pela boca);
- vibrante (o articulador ativo toca múltiplas vezes o passivo causando vibração);
- retroflexa (levantamento e encurtamento da ponta em direção ao palato duro);
- lateral (o articulador ativo toca no passivo de modo que a corrente do ar é obstruída na linha central do trato vocal).

SAIBA MAIS

Para maiores detalhes acerca da produção dos sons do Português, veja Silva.[1]

A Tabela 10.2 apresenta a classificação de algumas consoantes do PB segundo o ponto, o modo e o grau de vozeamento (com vibração/vozeamento ou sem vibração/desvozeamento das pregas vocais), seguida de alguns exemplos.

TABELA 10.2 – Classificação das consoantes do PB

Símbolo	Classificação das consoantes			Exemplos
	Ponto	Modo	Grau de vozeamento	
p	Bilabial	Oclusivo	Desvozeado	**p**ato
b	Bilabial	Oclusivo	Vozeado	**b**ato
t	Alveolar	Oclusivo	Desvozeado	**t**ato
d	Alveolar	Oclusivo	Vozeado	**d**ata
k	Velar	Oclusivo	Desvozeado	**c**ato
g	Velar	Oclusivo	Vozeado	**g**ato
m	Bilabial	Nasal	Vozeado	**m**ato
n	Alveolar	Nasal	Vozeado	**n**ata
ɲ	Palatal	Nasal	Vozeado	ba**nh**a
f	Labiodental	Fricativo	Desvozeado	**f**aca
v	Labiodental	Fricativo	Vozeado	**v**aca
s	Alveolar	Fricativo	Desvozeado	**s**aca
z	Alveolar	Fricativo	Vozeado	**z**inco; ca**s**a
ʃ	Alveolopalatal	Fricativo	Desvozeado	**ch**ato; **x**adrez
ʒ	Alveolopalatal	Fricativo	Vozeado	**j**ato, **g**elo
l	Alveolar	Lateral	Vozeado	**l**ata
r	Alveolar	Tepe	Vozeado	a**r**ara
λ	Palatal	Lateral	Vozeado	te**lh**ado
x	Velar	Fricativo	Desvozeado	**r**ato

Fonte: Adaptada de Silva.[1]

FISIOLOGIA DA FONAÇÃO

A voz muda do nascimento ao envelhecimento. Portanto, em cada fase da vida (infância, fase adulta e velhice), há ajustes de todo o sistema fonador, seguindo as mudanças fisiológicas inerentes ao ser humano. Entretanto, de forma geral, a voz mantém características peculiares de cada fase, sendo possível identificar o sexo e a idade aproximada do falante, bem como a comunidade em que vive e o tipo de emoção que sente enquanto está falando.

Estudar a fisiologia da fonação significa estudar estruturas anatômicas interligadas e que funcionam em conjunto para que a voz seja produzida. O processo da fonação pode ser didaticamente explicado iniciando-se pela função respiratória. A respiração pode ser definida como o processo de troca gasosa entre o organismo e seu meio. No entanto, para o sistema respiratório envolvido na fonação e, consequentemente, na produção da fala, não importa apenas a troca gasosa. É necessário considerar o processo da respiração baseando-se nas modificações de volume, pressão e fluxo de ar, levando-se em consideração as fases da respiração: inspiração e expiração.

Os principais componentes envolvidos no mecanismo da respiração são as vértebras (coluna vertebral), o arcabouço ósseo do tórax e a pelve; a musculatura da região pélvica e torácica, da cintura escapular e do tronco; além das estruturas internas – pulmões, brônquios, traqueia, laringe, cavidade faríngea, cavidade oral e cavidade nasal. Ressalta-se que as cavidades nasal, oral e faríngea estão intrinsecamente envolvidas no mecanismo da respiração, porém, conforme dito anteriormente, também participam ativamente do processo de articulação dos sons de fala e da ressonância da voz.

A duração das fases da respiração (inspiratória e expiratória) ocorre de maneira inversamente proporcional na produção vocal e em repouso. Para a produção da voz, o mecanismo da respiração é o oposto ao observado na respiração em repouso, caracterizando-se, portanto, por inspiração curta e expiração longa. A fase expiratória é representada pelo tempo de emissão de fala, respeitando o conteúdo da mensagem e o volume de ar pulmonar.

Para que ocorra a fonação (produção de som/voz), o ar expirado atinge a região da laringe. A produção vocal pode ser explicada pela teoria mioelástica e aerodinâmica, descrita por van den Berg em 1958.[2] Essa teoria aborda a fonação como resultado do equilíbrio entre forças aerodinâmicas da respiração e mioelásticas da laringe. Esse é o modelo de produção vocal mais aceito até hoje.

Segundo a teoria mioelástica e aerodinâmica, as forças musculares levam as pregas vocais para a posição fonatória (as pregas vocais ficam aproximadas na linha média da região glótica), de tal modo que a fonação é iniciada após o fechamento completo dessas pregas (Fig. 10.2). O fluxo de ar expiratório encontra, então, uma barreira no nível glótico – a chamada resistência glótica – que acaba gerando uma pressão subglótica medial (na linha média) que cresce até vencer a resistência glótica e deslocar as pregas vocais lateralmente,

> **LEMBRETE**
>
> O estudo da fisiologia da fonação favorece a compreensão do processo de produção da voz normal e patológica, o reconhecimento do impacto de lesões específicas da laringe na produção vocal, a interpretação de dados de avaliação do sujeito, bem como a definição da abordagem clínica.

> **LEMBRETE**
>
> O processo de fonação não existe como uma única estrutura anatômica, mas sim como um conjunto de estruturas que se unem funcionalmente para que a produção da voz ocorra.

Figura 10.2 – Produção do som. Antes de o som ser produzido, as PPVV precisam estar aproximadas, em posição fonatória. Fonação → inicia após o fechamento completo das PPVV. Antes da produção do som: PPVV submetidas à tensão e alongamento → fator importante na determinação da frequência fundamental.

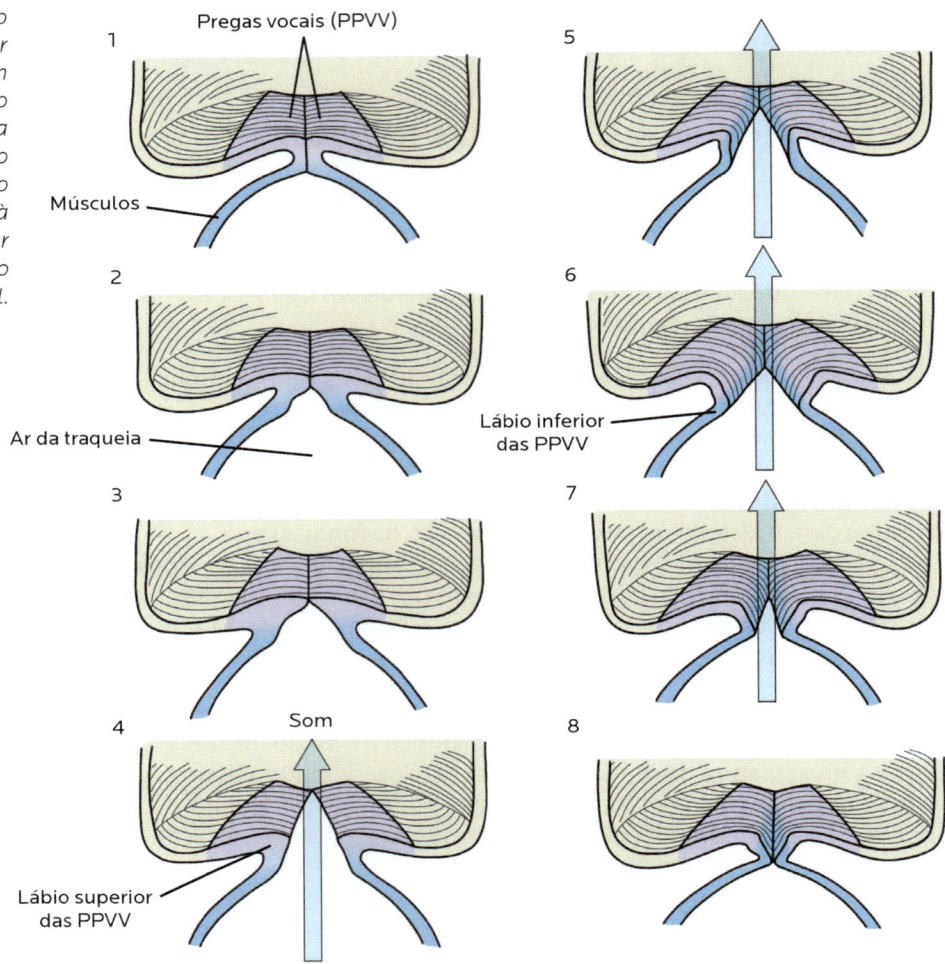

Efeito de Bernoulli

Quando o ar se movimenta de um espaço mais largo para um espaço mais estreito, o fluxo aumenta e a pressão diminui. Durante a fonação, no momento em que o fluxo de ar em alta velocidade passa pela glote, uma pressão negativa perpendicular é criada na direção do fluxo, e as pregas vocais são "sugadas" em direção à luz da laringe, levando ao fechamento da glote. Com o escape de ar pela glote, a pressão subglótica cai, reduzindo, dessa forma, a força que mantém as pregas vocais separadas.

provocando sua abertura e criando um fluxo de ar que passa pelas pregas vocais (forças aerodinâmicas).

Assim que a glote é aberta pela passagem do ar, várias forças atuam imediatamente para promover o fechamento glótico novamente na linha média, antes de a pressão do ar forçar as pregas vocais a se abrirem mais uma vez. Sabe-se que as duas principais forças que promovem o fechamento glótico são a elasticidade das pregas vocais e o **Efeito de Bernoulli**.[3]

Quanto mais móvel a mucosa, maior o papel do Efeito de Bernoulli no fechamento das pregas vocais durante o ciclo vibratório. A elasticidade das pregas vocais é regulada pela musculatura intrínseca da laringe que controla o grau de tensão, massa e estiramento das pregas vocais, conhecido como mecanismo mioelástico da laringe, que é regulado pela atividade neuromuscular. Por causa dessa elasticidade, as pregas vocais tendem a voltar para a posição em que estavam antes de ceder à força de abertura.

Titze[4] ressalva que o efeito de Bernoulli é insuficiente para explicar a oscilação autossustentada das pregas vocais durante a fonação. Segundo esse autor, tal efeito explica apenas o mecanismo para fechar as pregas vocais, e não para abri-las durante o ciclo vibratório.

Desse modo, o referido autor propôs o modelo de três massas da oscilação das pregas vocais.

De acordo com o modelo de três massas, o corpo da prega vocal (músculo vocal) constitui a grande massa estabilizadora, e outras duas massas menores são as porções inferior e superior da cobertura (mucosa). Assim, durante cada ciclo glótico, há a formação de uma glote convergente (quando a área da abertura glótica na parte inferior da glote é maior do que a parte superior), resultando na separação das pregas vocais, e uma glote divergente (quando a área da parte superior da glote é maior), resultando em fechamento das pregas vocais. Dessa forma, cada abertura e fechamento das pregas vocais constitui um ciclo vibratório, sendo que as pregas abrem da camada inferior para a superior e fecham-se da mesma forma.

Ciclo glótico

Ciclo vibratório de abertura e fechamento das pregas vocais, que ocorre, em média, 110 vezes por segundo nos homens e 200 vezes por segundo nas mulheres.

Na produção da fonoarticulação, observam-se modificações de frequência e intensidade que estão intrinsicamente relacionadas ao papel da linguagem na inter-relação pessoal, trazendo sentido e emoção ao discurso.

O mecanismo fisiológico necessário para o controle da **intensidade** está relacionado ao fluxo de ar, à pressão subglótica e à resistência à passagem do ar pela adução das pregas vocais. Para a emissão em forte intensidade, é necessário o aumento da pressão subglótica, com maior adução e tensão das pregas vocais, a fim de impedir a passagem da pressão aérea. A forte intensidade geralmente está associada ao início da fonação com maior participação muscular (ataque vocal brusco).

O mecanismo fundamental de controle da **frequência** (número de ciclos glóticos por segundo) e de suas variações sofre influência de vários fatores e reflete características biomecânicas das pregas vocais, da estrutura laríngea e de forças musculares de tensão e de rigidez. Os fatores físicos que regulam a frequência são massa, comprimento e tensão das pregas vocais, os quais são influenciados pelos músculos intrínsecos e extrínsecos da laringe. Para a realização de sons agudos, o músculo cricotireóideo é contraído e acaba por estirar, alongar e diminuir a massa relativa das pregas vocais, levando ao aumento da frequência. Na produção de sons graves, ocorre a contração do músculo tireoaritenóideo, que encurta as pregas vocais, levando a um aumento relativo de sua massa, resultando na diminuição da frequência.

A transmissão da energia sonora produzida na laringe atinge as estruturas localizadas acima das pregas vocais – a região dos articuladores, discutidos na seção anterior. Os diferentes movimentos dos articuladores alteram o trato vocal, o que determinará as propriedades de ressonância. As modificações da ressonância também podem auxiliar nas variações da sensação de frequência, ou seja, uma fala com os lábios estirados será percebida como mais aguda do que com os lábios protruídos.

Ressonância

Amplificação das ondas sonoras produzidas na laringe pela modificação das estruturas supraglóticas.

O sistema complexo e integrado de eventos que abrange a produção fonoarticulatória pode ter sua integridade interrompida ou abalada por diversas razões (p. ex., doenças neurodegenerativas, tumores, traumas físicos). A intervenção sobre os processos patológicos que afetam a produção fonoarticulatória requer, portanto, a ação de uma equipe de profissionais.

De acordo com as atuais políticas de saúde vigentes no Brasil, para se alcançar uma atenção humanizada e integral, torna-se cada vez mais necessário o intercâmbio profissional, ou seja, a inter-relação entre as diferentes áreas profissionais. Isso é possível por meio da atuação em uma equipe multiprofissional, de abordagem interdisciplinar. A inter-relação profissional deve ser clara, precisa, ampla e, sobretudo, centrada no usuário, respeitando impreterivelmente suas necessidades de saúde.

ALTERAÇÕES DA PRODUÇÃO DA FALA E DA VOZ DE INTERESSE ODONTOLÓGICO

LEMBRETE

A fala e a voz resultam da modificação do som produzido pela vibração das pregas vocais e da complexa atividade dos órgãos fonoarticulatórios, que implicam padrões neuromusculares altamente coordenados, dependentes não só da integridade orgânica como também de fatores sociais e ambientais.

Anormalidades nas estruturas vocais, orais e/ou nas funções de respiração, fonação, deglutição, sucção e mastigação podem resultar em alterações da produção da fala e da voz. Tais alterações exigem, conforme já mencionado, a atuação de diversos profissionais de saúde, como cirurgião-dentista, cirurgião bucomaxilofacial, médicos de diferentes especialidades, fonoaudiólogo, psicólogo, nutricionista, fisioterapeuta, dentre outros. As alterações fonoarticulatórias merecem o cuidado especializado de um fonoaudiólogo, preferencialmente integrado aos conhecimentos de outros núcleos profissionais, como a odontologia.

Segóvia,[5] em texto clássico, aborda a inter-relação entre a odontologia e a fonoaudiologia e já anunciava, nos anos de 1970, os avanços e as múltiplas interfaces entre essas áreas da saúde. Esclarece que a pessoa com lábio ou palato fissurado apresenta alterações no mecanismo velofaríngeo com repercussão na ressonância (hipernasalidade) e na produção da fala (especialmente na produção de fonemas plosivos), implicando a atuação de diversos profissionais.

É fácil compreender que na fissura palatina ocorre comunicação da cavidade nasal com a bucal e que, em virtude desse aumento da dimensão do trato vocal, a voz do indivíduo fissurado apresenta-se com características de hipernasalidade. O aumento do trato confere ao sistema fonatório amplificação de sons de frequência grave e zonas de amortecimento com presença do formante nasal, percebendo-se auditivamente uma voz com nasalidade.

Sabe-se hoje que as disfunções velofaríngeas decorrentes das fissuras palatinas podem trazer alterações secundárias. Tais alterações foram identificadas a partir do avanço das técnicas instrumentais para avaliação dessa disfunção, como os exames de nasofibroscopia e videofluoroscopia,[5] que possibilitam maior compreensão da anatomofisiologia das cavidades oral, nasal e laríngea.

Exames como a nasofibroscopia contribuem para a visualização e a análise da região velofaríngea em diferentes contextos, como na fala, na deglutição e no sopro, bem como possibilitam o diagnóstico da fissura de palato oculta. Além desse, o exame de videofluoroscopia permite a visualização do fechamento velofaríngeo em diferentes projeções (lateral, frontal e basal).[6]

As disfunções velofaríngeas, além das implicações na produção da fala e voz, podem ser acompanhadas de prejuízos alimentares, psicossociais e educacionais, interferindo na qualidade de vida e na autoestima da pessoa. Portanto, a fissura labiopalatina é uma alteração de fala de interesse odontológico e fonoaudiológico, fato que realça a importância de uma avaliação e intervenção multiprofissional, preferencialmente de abordagem interdisciplinar, visando melhorar os aspectos de ressonância e de produção dos fonemas.

Segóvia[5] destacou que os casos de maloclusão, interposição lingual, sucção digital e respiração bucal requerem com frequência a presença de um fonoaudiólogo atuando em uma abordagem integrada com o cirurgião-dentista. Nos casos de uso prolongado de chupeta e de mamadeira, por exemplo, podem ocorrer distorções ou retardamento da produção dos fonemas alveolares fricativos /z/ e /s/. Trata-se dos chamados ceceios – anterior e lateral. No ceceio anterior, a produção de tais fonemas ocorre com projeção da língua (articulador móvel) e escape frontal do ar; no ceceio lateral, também ocorre projeção da língua, mas com escape de ar pelas laterais da boca. As maloclusões, campo de excelência da odontologia, também podem provocar desequilíbrios na fala, com distorções fonêmicas que acabam por levar ao comprometimento da inteligibilidade de fala do indivíduo.

Outro campo importante de atuação e interface entre a fonoaudiologia e odontologia corresponde aos traumas da face, decorrentes de variadas causas, como acidentes de trânsito ou esportivos, quedas, violência física ou agressão e queimaduras, dentre outras. Esses traumas podem acarretar fraturas, cicatrização patológica, perda da substância muscular, paralisia ou parestesia facial, alterações nas estruturas faciais, alterações oclusais e dores faciais com implicações funcionais de mastigação, fala, mobilidade mandibular e assimetrias faciais. O tratamento é definido pela equipe de cirurgia bucomaxilofacial e pelas condições do paciente.

De suma importância e cada vez mais comuns nos dias atuais, os distúrbios temporomandibulares – alterações que envolvem a articulação temporomandibular (ATM) – de origem multifatorial acabam por provocar desequilíbrios em funções estomatognáticas, como mastigação e deglutição, além de alterar padrões da fala e da voz. Dessa forma, à medida que ocorrem alterações na ATM, podem ocorrer outras alterações como respostas adaptativas do sistema estomatognático, a fim de evitar dor ou desconforto. Essas alterações geralmente estão associadas à articulação dos sons de fala (articulação travada, distorções fonêmicas), à voz (desconfortos ao falar, disfonias) e às funções estomatognáticas (mastigação e deglutição).

Alterações funcionais (p. ex., mastigação unilateral) também podem ocasionar problemas na ATM. No atendimento de pacientes portadores de distúrbios temporomandibulares, a troca de informações com os outros profissionais que estejam acompanhando

> **ATENÇÃO**
>
> As alterações estruturais e fisiológicas decorrentes das fissuras labiopalatinas e de outras malformações craniofaciais decorrentes de síndromes genéticas e doenças hereditárias são do âmbito de atuação dos fonoaudiólogos e dentistas. Além delas, há as comuns alterações funcionais do sistema sensório-motor oral decorrentes de uso reduzido do referido sistema, as interposições da língua, as maloclusões, os traumas faciais, os distúrbios temporomandibulares, entre outras.

o paciente torna-se essencial para evolução do quadro. Em uma atuação integrada com o profissional de odontologia, o papel do fonoaudiólogo diante desses distúrbios inclui participar do diagnóstico e recuperar o equilíbrio de funções de mastigação, deglutição, respiração, voz e fala. Além dessas intervenções, o fonoaudiólogo pode realizar exames complementares, como audiometria e imitanciometria (nas situações em que há queixa relacionada a problemas auditivos).

Outra situação que comporta a atuação fonoaudiológica integrada à odontológica diz respeito às sequelas provocadas por modalidades de tratamento do câncer que acometem a região da cabeça e do pescoço. Sabe-se que muitos tratamentos causam graves sequelas nas funções de respiração, fonação e deglutição. A maioria dos tumores malignos da cabeça e pescoço é caracterizada pelo carcinoma espinocelular, e o tratamento indicado é a cirurgia associada a tratamento radioterápico coadjuvante ou o tratamento de radioterapia associado à quimioterapia.

A ressecção de estruturas resulta claramente em comprometimentos da fonoarticulação, porém o tratamento radioterápico também leva a modificações da condição muscular e da estrutura da mucosa das pregas vocais, levando ao aparecimento de rouquidão, soprosidade, além de falhas no controle aéreo da laringe e interrupções na fonação. A radioterapia provoca, ainda, fibrose da ATM, caracterizando-se por redução dos movimentos mandibulares e presença de sintomatologia dolorosa, como resultado dificuldade na mastigação e na fala.

Os distúrbios da fonoarticulação são comumente observados, podendo ser registradas alterações em nível de frequência fundamental, intensidade e/ou duração da emissão, bem como nos padrões de articulação e ressonância, que geram importantes comprometimentos na inteligibilidade da fala.

Por fim, como indicava Segovia,[5] nos idos de 1970, a relação estreita entre a odontologia e a fonoaudiologia se baseia fundamentalmente em dois fatores: o anatômico e o funcional. Ambas as profissões ocupam-se das estruturas e funções do sistema estomatognático, dada a correspondência entre a função e a adaptação do organismo humano para a sobrevivência. É indiscutível a especialização das estruturas desse sistema (função de alimentação, de respiração e fonoarticulação).

LEMBRETE

Para uma atuação eficaz dos profissionais para a promoção da saúde e a intervenção nas alterações bucais e na fala, é fundamental conhecer a fisiologia dos sistema digestório, respiratório e fonoarticulatório em uma perspectiva de atenção interdisciplinar, integrada e humanizada.

Referências

Capítulo 1 – Introdução ao estudo da fisiologia oral

1. Andrade Filho ACC. Dor: diagnóstico e tratamento. São Paulo: Roca; 2001.
2. Luria, AR. Cognitive development: its cultural and social foundations. Harvard: Harvard University; 1982.
3. World Health Organization. The World Oral Health Report 2003. Continuous improvement of oral health in the 21st century: the approach of the WHO Global Oral Health Programme. Geneva: WHO; 2003.

Capítulo 5 – Fisiologia da secreção salivar

1. Humphrey SP, Williamson RT. A review of saliva: normal composition, flow, and function. J Prosthet Dent. 2001;85(2):162-9.
2. Edgar M, Dawes C, O'Mullane D. Saliva e saúde bucal: composição, funções e efeitos protetores. 3. ed. São Paulo: Santos; 2010.
3. Vissink A, Bootsma H, Kroese FG, Kallenberg CG. How to assess treatment efficacy in Sjögren's syndrome? Curr Opin Rheumatol. 2012;24(3):281-9.

Capítulo 7 – As bases fisiológicas da oclusão dentária

1. Sherrington CH. The integrative action of the nervous system. New Haven: Yale University; 1906.
2. Greenfield BE, Wyke BD. Electromyographics studies of some of the muscles of mastication. Br Dent J. 1956;100:129-43.

Capítulo 8 – Movimentação dentária

1. Noda K, Nakamura Y, Oikawa T, Shimpo S, Kogure K, Hirashita A. A new idea and method of tooth movement using a ratchet bracket. Eur J Orthod. 2007;29(3):225-31.
2. Jónsdóttir SH, Giesen EB, Maltha JC. The biomechanical behaviour of the hyalinized periodontal ligament in dogs during experimental orthodontic tooth movement. Eur J Orthod. 2011.
3. Meikle MC. The tissue, cellular, and molecular regulation of orthodontic tooth movement: 100 years after Carl Sandstedt. Eur J Orthod. 2006;28(3):221-40.

Capítulo 9 – Mastigação

1. van der Bilt A. Assessment of mastication with implications for oral rehabilitation: a review. J Oral Rehabil. 2011;38(10):754-80.
2. Veyrune J-L, Mioche L. Complete denture wearers: electromyography of mastication and texture perception whilst eating meat. Eur J Oral Sci. 2000;108(2):83-92.
3. Woda A, Hennequin M, Peyron MA. Mastication in humans: finding a rationale. J Oral Rehabil. 2011;38(10):781-4.
4. Hennequin M, Allison PJ, Faulks D, Orliaguet T, Feine JS. Chewing indicators between adults with Down syndrome and controls. J Dent Res. 2005;84(11):1057-61.
5. Woda A, Foster K, Mishellany A, Peyron MA. Adaptation of healthy mastication to factors pertaining to the individual or to the food. Physiol Behav. 2006;89(1): 28-35.
6. Grigoriadis A, Johansson RS, Trulsson M. Adaptability of mastication in people with implant-supported bridges. J Clin Periodontol. 2011;38(4):395-404.
7. Lassauzay C, Peyron M-A, Albuisson E, Dransfield E, Woda A. Variability of the masticatory process during chewing of elastic model foods. Eur J Oral Sci. 2000;108(6):484-92.
8. Woda A, Nicolas E, Mishellany-Dutour A, Hennequin M, Mazille M.N, Veyrune JL, et al. The masticatory normative indicator. J Dent Res. 2010;89(3):281-5.

Capítulo 10 – Fisiologia da fala e da fonação

1. Silva TC. Fonética e fonologia do português: roteiro de estudos e guia de exercícios. 7. ed. São Paulo: Contexto; 2003.
2. van den Berg J. Myoelastic: aerodynamic theory of voice production. J Speech Hear Res. 1958;1:227-44.
3. Imamura R, Tsuji DH, Sennes LU. Fisiologia da laringe. In: Pinho SMR, Tsuji DH, Bohadana SC. Fundamentos em laringologia e voz. Rio de Janeiro: Revinter; 2006.
4. Titze IR. Mechanisms of sustained oscillations of the vocal folds. In: Titze IR, Scherer RC. Vocal fold physiology. Denver: Denver Center for the Performing Arts; 1983.
5. Segovia ML. Interrelaciones entre la odontoestomatología y la fonoaudiología: la deglución atípica. Buenos Aires: Médica Panamericana; 1988.

6. Sociedade Brasileira de Fonoaudiologia. Comitê de Motricidade Orofacial. Motricidade orofacial: como atuam os especialistas. São José dos Campos: Pulso; 2004.

Leituras Recomendadas

Ahlgren J. Masticatory movements in man. In : Anderson DJ, Matthews B, editors. Mastication. Bristol: John Wright and Sons; 1976. p. 119-30.

Alencar YMG, Curiatti JRE. Envelhecimento do aparelho digestivo. In: Carvalho Filho ET, Papaléo Netto M. Geriatria: fundamentos, clínica e terapêutica. São Paulo: Atheneu; 2006. p. 311-30.

Bergqvist LP. The role of teeth in mammal history. Braz J Oral Sci. 2003;2(6):249-57.

Brännström M. Etiology of dentin hypersensitivity. Proc Finn Dent J. 1992;88(Suppl.1):7-13.

Bromley SM. Smell and taste disorders: a primary care approach. Am Fam Physician. 2000;61(2):427-36.

Chaudhari N, Roper SD. The cell biology of taste. J Cell Biol. 2010;190(3):285-96.

Costa MMB. Dinâmica da deglutição: fases oral e faríngea. In: Costa MMB, Lemme E, Koch HÁ, editores. Temas em deglutição e disfagia: abordagem multidisciplinar. Rio de Janeiro: UFRJ; 1998. p. 1-11.

Cury JA, Tenuta LMA, Tabchoury CPM. Saliva, goma de mascar e saúde bucal. São Paulo: APCD; 2011.

Dawes C. Salivary flow patterns and the health of hard and soft tissues. J Am Dent Assoc. 2008;139:18-24.

Douglas CR. Fisiologia da sucção. In: Douglas CR. Tratado de fisiologia aplicada às ciências médicas. 6. ed. Rio de Janeiro: Guanabara Koogan; 2006.

Fávaro-Moreira NC, Parada CA, Tambeli CH. Blockade of β(1) -, β(2) - and β(3) -adrenoceptors in the temporomandibular joint induces antinociception especially in female rats. Eur J Pain. 2012;16(9):1302-10.

Fischer L, Clemente JT, Tambeli CH. The protective role of testosterone in the development of temporomandibular joint pain. J Pain. 2007;8(5):437-42.

Foster K, Woda A, Peyron MA . Effect of texture of plastic and elastic model foods on the parameters of mastication. J Neurophysiol. 2006;95(6):3469-347.

Frings S. Primary processes in sensory cells: current advances. In: López-Larrea C., editor. Sensing in nature. New York: Springer; 2012. p. 32-58.

Gameiro GH, Pereira-Neto JS, Magnani MB, Nouer DF. The influence of drugs and systemic factors on orthodontic tooth movement. J Clin Orthod. 2007;41(2):73-8.

Groher ME. Normal swallowing in adults. In: Groher ME, Crary MA. Dysphagia: clinical management in adults and children. Missouri: Mosby Elsevier; 2010. p. 34-9.

Grünspun H. Distúrbios neuróticos da criança. 5. ed. Rio de Janeiro. Atheneu; 2003.

Guergova S, Dufour A. Thermal sensitivity in the elderly: a review. Ageing Res Rev. 2011;10(1):80-92.

Hauber Gameiro G, Nouer DF, Pereira Neto JS, Siqueira VC, Andrade ED, Duarte Novaes P, et al. Effects of short- and long-term celecoxib on orthodontic tooth movement. Angle Orthod. 2008;78(5):860-5.

Holland GR. Morphological features of dentine and pulp related to dentine sensitivity. Arch Oral Biol. 1994;39:3S-11S.

Jalabert-Malbos ML, Mishellany-Dutour A, Woda A, Peyron MA. Particle size distribution in the food bolus after mastication of natural foods. Food Qual Prefer. 2007;18(5):803-12.

Kandel E, Schwartz JH, Jessell T. Principles of neural science. 4th ed. Columbus: McGraw-Hill; 2000.

Kinnamon SC. Taste receptor signaling: from tongues to lungs. Acta Physiol. 2012;204(2):158-68.

Klasser GD, Utsman R, Epstein JB. Taste change associated with a dental procedure: case report and review of the literature. J Canad Dent Assoc. 2008;74(5):455-61.

Kossioni AE, Dontas AS. The stomatognathic system in the elderly. Useful information for the medical practitioner. Clin Interv Aging. 2007;2(4):591-7.

Lazarov NE. Neurobiology of orofacial proprioception. Brain Res Rev. 2007;56(2):362-83.

Leopold NA, Kagel MC. Dysphagia: ingestion or deglutition?: a proposed paradigm. Dysphagia. 1997;12(4):202-6.

Logemann JA. Effects of aging on the swallowing mechanism. Otolaryngol Clin North Am. 1990;23(6):1045-56.

Lucas PW, Ow RKK, Ritchie GM, Chew CL, Keng SB. Relationship between jaw movement and food breakdown in human mastication. J Dent Res. 1986;65(3):400-4.

Lund JP, Kolta A. Generation of the central masticatory pattern and its modification by sensory feedback. Dysphagia. 2006;21(3):167-74.

Lund JP. Mastication and its control by the brain stem. Crit Rev Oral Biol Med. 1991;2(1):33-64.

MacGlone F, Reilly D. The cutaneous sensory system. Neurosci Biobehav Rev. 2010;34(2):148-59.

Marchesan IQ. Deglutição: diagnóstico e possibilidades terapêuticas. In: Marchesan IQ. Fundamentos em fonoaudiologia: aspectos clínicos da motricidade oral. Rio de Janeiro: Guanabara Koogan; 1998. p. 51-8.

Merskey H, Bogduk N, editors. Classification of chronic pain: descriptions of chronic pain syndromes and definitions of pain terms. 2nd ed. Seattle: IASP; 1994.

Michelotti A, Buonocore G, Manzo P, Pellegrino G, Farella M. Dental occlusion and posture: an overview. Prog Orthod. 2011;12(1):53-8.

Mioche L, Peyron M-A. Bite force displayed during assessment of hardness in various texture contexts. Archs Oral Biol. 1995;40(5):415-23.

Orthlieb JD, Laurent M, Laplanche O. Cephalometric estimation of vertical dimension of occlusion. J Oral Rehabil. 2000;27(9):802-7.

Peyron A, Lassauzay C, Woda A. Effects of increased hardness on jaw movement and muscle activity during chewing of visco-elastic model foods. Exp Brain Res. 2002;142(1):41-51.

Peyron MA, Blanc O, Lund JP, Woda A. Influence of age on adaptability of human mastication. J Neurophysiol. 2004;92(2):773-9.

Peyron MA, Gierczynski I, Hartmann C, Loret C, Dardevet D, Martin N, et al. Role of physical bolus properties as sensory inputs in the trigger of swallowing. PLoS One. 2011;6(6):e21167.

Purves D, Augustine GJ, Fitzpatrick D, Hall WC, Lamantia AS, Mcnamara JO, et al, editors. Neuroscience. 3rd ed. Sunderland: Sinauer; 2004.

Romero CC, Scavone-Junior H, Garib DG, Cotrim-Ferreira FA, Ferreira RI. Breastfeeding and non-nutritive sucking patterns related to the prevalence of anterior open bite in primary dentition. J Appl Oral Sci. 2011;19(2):161-8.

Salone LR, Vann WF Jr, Dee DL. Breastfeeding: an overview of oral and general health benefits. J Am Dent Assoc. 2013;144(2):143-51.

Schepers RJ, Ringkamp M. Thermoreceptors and thermosensitive afferents. Neurosci Biobehav Rev. 2009;33(3):205-12.

Sessle BJ. Mechanisms of oral somatosensory and motor functions and their clinical correlates. J Oral Rehabil. 2006;33(4):243-61.

Sessle BJ. Recent insights into brainstem mechanisms underlying craniofacial pain. J Dent Educ. 2002;66(1):108-12.

Tambeli CH, Fischer L, Parada CA. Opioid receptors. In: Cairns E. B., editor. Peripheral receptor targets for analgesia: novel approaches to pain management. New Jersey: John Wiley & Sons; 2009. p. 347-72.

Thompson RF. Imperativos biológicos: a conexão hipotalâmica. In: Thompson RF. O cérebro: uma introdução à neurociência. São Paulo: Santos; 2005. p. 227-37.

Trulsson M, Johansson R. Orofacial mechanoreceptors in humans: encoding characteristics and responses durign natural orofacial behaviors. Behav Brain Res. 2002;135 (1-2):27-33.

Trulsson M. Sensory-motor function of human periodontal mechanoreceptors. J Oral Rehabil. 2006;33(4):262-73.

Türker KS. Reflex control of human jaw muscles. Crit Rev Oral Biol Med. 2002;13(1):85-104.

Wong DT, editor. Salivary diagnostics. Iowa: Wiley-Blackwell; 2008.

Zbilut JP. Is physiology the locus of health/health promotion? Advan Physiol Educ. 2008;32(2):118-9.

Zuccolotto MC, Vitti M, Nóbilo KA, Regalo SC, Siéssere S, Bataglion C. Electromyographic evaluation of masseter and anterior temporalis muscles in rest position of edentulous patients with temporomandibular disorders, before and after using complete dentures with sliding plates. Gerodontology. 2007;24(2):105-10.

Destaques da Odontologia Nacional

Prótese Fixa – 2.ed.
Bases para o Planejamento em Reabilitação Oral
Luiz Fernando Pegoraro e Cols.
21x28 cm | 488 p.

Nova edição, com casos clínicos ainda mais complexos e elucidativos, esta obra é a referência perfeita para o currículo de graduação e cursos de especialização e para a prática do cirurgião-dentista preocupado com seu constante aprimoramento profissional.

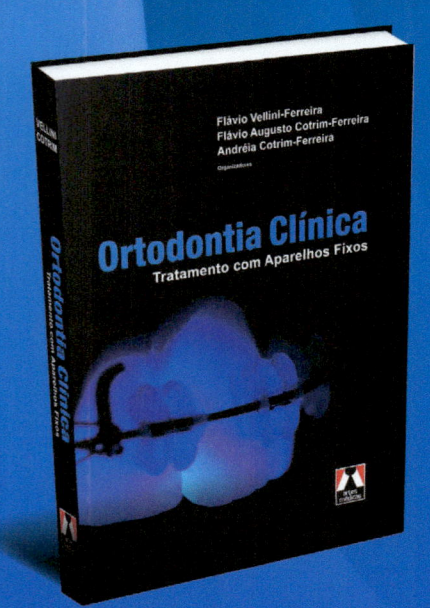

Ortodontia Clínica
Tratamento com Aparelhos Fixos
Flávio Vellini-Ferreira, Flávio Augusto Cotrim-Ferreira & Andréia Cotrim-Ferreira (Orgs.)
21x28 cm | 664 p.

Oferece um roteiro completo e seguro às atividades de cirurgiões-dentistas e alunos de graduação e pós-gradução em ortodontia, compreendendo as fases que vão da recepção do paciente à finalização do tratamento.

Ortodontia Interceptiva
Protocolo de Tratamento em Duas Fases
Omar Gabriel da Silva Filho, Daniela Gamba Garib & Tulio Silva Lara (Orgs.)
21x28 cm | 576 p.

Esta obra se destaca por abordar a teoria e a prática do tratamento ortodôntico em duas fases, com diversos protocolos amplamente estudados e experimentados.

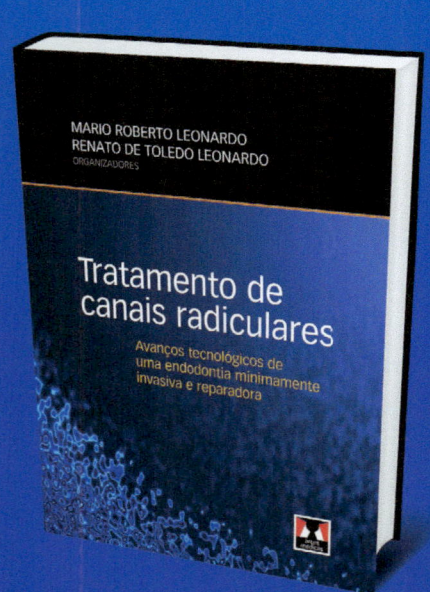

Tratamento de Canais Radiculares
Avanços Tecnológicos de uma Endodontia Minimamente Invasiva e Reparadora
Mário Roberto Leonardo & Renato de Toledo Leonardo (Orgs.)
21x28 cm | 472 p.

Apresenta os fundamentos da instrumentação manual, os diferentes (e mais novos) sistemas de instrumentação não convencional de canais radiculares, bem como os medicamentos, os materiais e as técnicas obturadoras disponíveis para a prática da endodontia.

artes médicas EDITORA

www.grupoa.com.br
0800 703 3444

grupo a
Conhecimento que transforma.

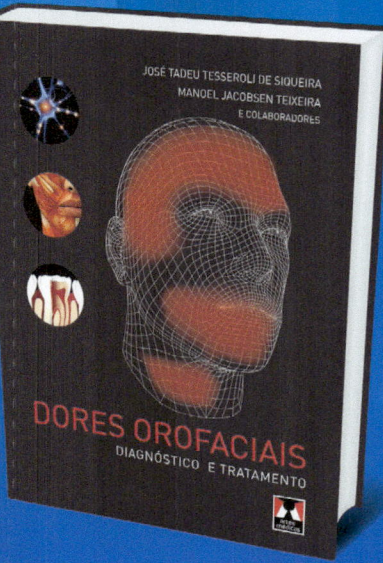

Dores Orofaciais
Diagnóstico e Tratamento
José Tadeu Tesseroli de Siqueira,
Manoel Jacobsen Teixeira & Cols.
21x28 cm | 816 p.

A obra mais completa na área de dor orofacial já publicada no Brasil. Contempla as necessidades tanto da prática médica quanto odontológica, propondo que a dor orofacial seja tratada de forma multidisciplinar.

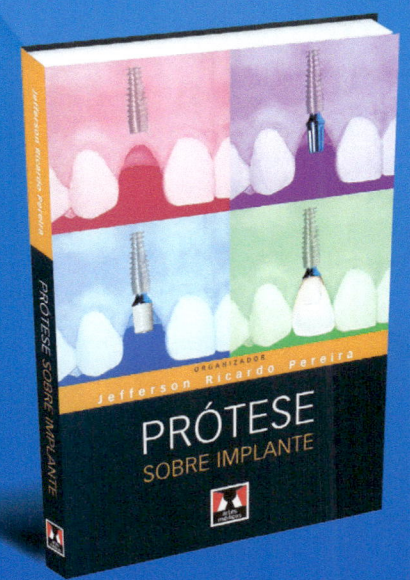

Prótese sobre Implante
Jefferson Ricardo Pereira (Org.)
17,5x25 cm | 304 p.

Prótese sobre implante é um livro bastante elucidativo tanto para cirurgiões-dentistas que já realizam a técnica quanto para recém-formados que estão tendo seu primeiro contato com a implantodontia.

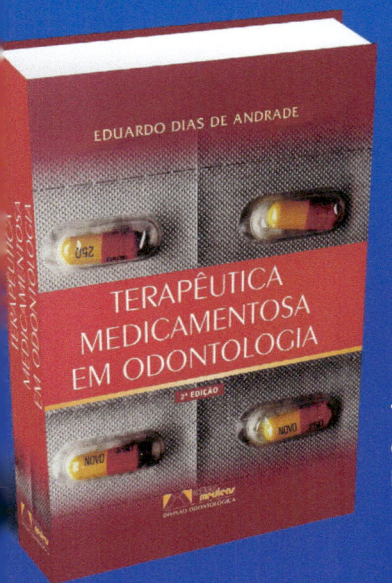

Terapêutica Medicamentosa em Odontologia – 2.ed.
Eduardo Dias de Andrade
18x26cm | 204 p.

presenta protocolos farmacológicos para cada situação clínica de acordo m cada especialidade odontológica, facilitando a busca de informações.

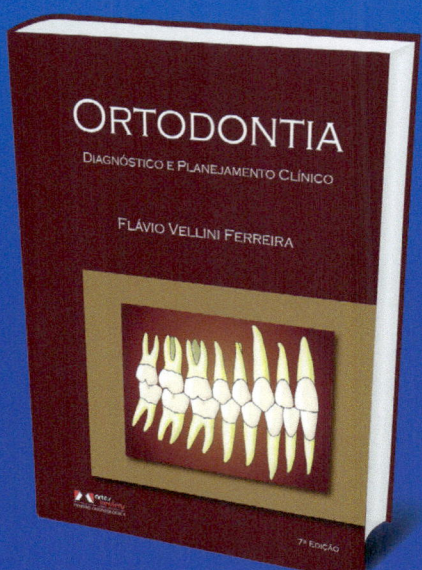

Ortodontia – 7.ed.
Diagnóstico e Planejamento Clínico
Flávio Vellini-Ferreira
21x28 cm | 576 p.

Esta obra reúne as principais informações sobre diagnóstico e planejamento clínico em ortodontia, contando com a ampla experiência do autor na seleção dos casos abordados.